AI赋能软件开发技术丛书

AIGC

高效编程

Vue.js
前端开发实战

慕课版 | 第2版

明日科技◎策划

王龙 杨倩倩◎主编

姚妮 王堃◎副主编

人民邮电出版社

北 京

图书在版编目（CIP）数据

Vue.js 前端开发实战：AIGC 高效编程：慕课版 /
王龙，杨倩倩主编. -- 2 版. -- 北京：人民邮电出版社，
2025. --（AI 赋能软件开发技术丛书）. -- ISBN 978-7
-115-66873-8

Ⅰ. TP392.092.2

中国国家版本馆 CIP 数据核字第 2025XC7420 号

内 容 提 要

本书系统、全面地介绍 Vue.js 网站前端开发所涉及的各类知识。全书共 16 章，内容包括 Vue.js 简介、基础特性、条件判断与列表渲染、计算属性与监听属性、样式绑定、事件处理、表单控件绑定、自定义指令、组件、过渡、使用 Vue Router 实现路由管理、使用 axios 实现 Ajax 请求、Vue CLI、状态管理、综合开发实例——51 购商城、课程设计——智汇企业官方网站首页。书中每章内容都与实例紧密结合，有助于读者理解、应用知识，达到学以致用的目的。

近年来，AIGC 技术高速发展，成为各行各业高质量发展和生产效率提升的重要推动力。本书将 AIGC 技术融入理论学习、实例编写、复杂系统开发等环节，帮助读者实现高效编程。

本书可作为应用型本科计算机科学与技术专业和软件工程专业、高职软件技术专业及相关专业的教材，也可作为 Vue.js 爱好者及初、中级 Vue.js 程序设计开发人员的参考书。

◆ 主　　编　王　龙　杨倩倩
　　副主编　姚　妮　王　堃
　　责任编辑　王　平
　　责任印制　胡　南

◆ 人民邮电出版社出版发行　　北京市丰台区成寿寺路 11 号
　　邮编　100164　　电子邮件　315@ptpress.com.cn
　　网址　https://www.ptpress.com.cn
　　北京天宇星印刷厂印刷

◆ 开本：787×1092　1/16
　　印张：18.75　　　　　　　　　　2025 年 6 月第 2 版
　　字数：494 千字　　　　　　　　2025 年 6 月北京第 1 次印刷

定价：69.80 元

读者服务热线：(010)81055256　印装质量热线：(010)81055316
反盗版热线：(010)81055315

在人工智能技术高速发展的今天，人工智能生成内容（Artificial Intelligence Generated Content，AIGC）技术在内容生成、软件开发等领域的作用已经非常突出，逐渐成为一项重要的生产工具，推动内容产业进行深度的变革。

党的二十大报告强调，"高质量发展是全面建设社会主义现代化国家的首要任务"。发展新质生产力是推动高质量发展的内在要求和重要着力点，AIGC 技术已经成为新质生产力的重要组成部分，在 AIGC 工具的加持下，软件开发行业的生产效率和生产模式将产生质的变化。本书结合 AIGC 辅助编程，旨在帮助读者培养软件开发从业人员应当具备的职业技能，提高核心竞争力，充分满足软件开发行业新技术人才需求。

Vue.js 是一套用于构建用户界面的渐进式框架。它的目标是通过尽可能简单的应用程序接口（Application Program Interface，API）实现响应式数据绑定和组合的视图组件。它不仅容易上手，还能与其他库或已有项目进行整合。目前，一些高校的计算机专业和 IT 培训学校已将 Vue.js 作为教学内容之一，这对培养学生的计算机应用能力具有非常重要的意义。

本书是明日科技与院校一线教师合力打造的 Vue.js 程序设计基础教材，旨在通过基础理论讲解和系统编程实践让读者快速且牢固地掌握 Vue.js 程序开发技术。本书的主要特色如下。

1．基础理论结合丰富实践

（1）本书通过通俗易懂的语言和丰富的实例演示，系统介绍 Vue.js 框架的基础知识和开发工具，并且在每一章的后面提供习题，方便读者及时检验学习效果。

（2）本书附有 14 个上机指导实验供读者实践练习，实验内容由浅入深，包括验证型实验和设计型实验，有助于读者提高程序设计的实际应用能力。

2．融入 AIGC 技术

（1）第 1 章介绍 AIGC 工具的基本应用情况和主流的 AIGC 工具，并在其他章讲解如何使用 AIGC 工具自主学习进阶性理论。

（2）完整呈现使用 AIGC 工具编写实例的过程和结果，在巩固读者理论知识的同时，启发读者主动使用 AIGC 工具辅助编程。

（3）第 15 章呈现使用 AIGC 工具开发综合案例的全过程，包括 AIGC 工具辅助提供项目开发思路、优化项目代码、完善项目，充分展示 AIGC 工具的使用思路、交互过程和结果处理，进而提高读者综合性、批判性地使用 AIGC 工具的能力。

3．支持线上线下混合式学习

（1）本书是慕课版教材，依托人邮学院（www.rymooc.com）为读者提供完整慕课，课程结构严谨，读者可以根据自身的学习程度，自主安排学习进度。读者购买本书后，刮开粘贴在书封底上的刮刮卡，获得激活码，使用手机号码完成网站注册，即可搜索本书配套慕课并学习。

（2）本书对重要知识点提供了视频讲解，读者扫描书中二维码即可在手机上观看相应内容的视频讲解。

4．配套教辅资源丰富

本书配套提供 PPT 课件、源代码、习题答案、教学大纲、自测卷及答案等丰富的教学资源，用书教师可登录人邮教育社区（www.ryjiaoyu.com）免费获取。

本书的课堂教学建议安排 32～37 学时，上机指导教学建议安排 21～27 学时。各章主要内容和学时建议分配如下，教师可以根据实际教学情况进行调整。

章	主要内容	课堂学时	上机指导学时
第 1 章	Vue.js 简介	1～2	1
第 2 章	基础特性	3	1
第 3 章	条件判断与列表渲染	2	1
第 4 章	计算属性与监听属性	1～2	1
第 5 章	样式绑定	1～2	1
第 6 章	事件处理	1～2	1
第 7 章	表单控件绑定	2	1
第 8 章	自定义指令	1～2	1
第 9 章	组件	3	1～2
第 10 章	过渡	2	1～2
第 11 章	使用 Vue Router 实现路由管理	2	1～2
第 12 章	使用 axios 实现 Ajax 请求	2	1～2
第 13 章	Vue CLI	2	1～2
第 14 章	状态管理	2	1～2
第 15 章	综合开发实例——51 购商城	4	4
第 16 章	课程设计——智汇企业官方网站首页	3	3

由于编者水平有限，书中难免存在不足之处，敬请广大读者批评、指正，使本书得以改进和完善。

编者

2025 年 2 月

目录
Contents

第1章 Vue.js 简介

本章要点

- ❑ Vue.js 的特性
- ❑ WebStorm 的下载和安装
- ❑ Vue.js 的安装
- ❑ 在 WebStorm 中引入 AIGC 工具

近些年，互联网前端行业发展迅猛。前端开发不仅在 PC 端得到广泛应用，在移动端的前端项目中的需求也越来越大。为了改变传统的前端开发方式，进一步提升用户体验，越来越多的前端开发者开始使用框架来构建前端页面。目前，比较受欢迎的前端框架有 Google 的 AngularJS、Facebook 的 ReactJS，以及本书要介绍的 Vue.js。随着这些框架的出现，组件化的开发方式得到了普及，开发思维和方式也有了改变。

1.1 Vue.js 概述

Vue.js 是一套用于构建用户界面的渐进式框架。与其他重量级框架不同的是，它只关注视图层，采用自底向上增量开发的设计。Vue.js 的目标是通过尽可能简单的 API 实现响应式数据绑定和组合的视图组件。它不仅容易上手，还非常容易与其他库或已有项目进行整合。

Vue.js 概述

1.1.1 什么是 Vue.js

Vue.js 实际上是一个用于开发 Web 前端页面的库，具有响应式编程和组件化的特点。所谓响应式编程，即保持状态和视图的同步。响应式编程允许将相关模型的变化自动反映到视图上。Vue.js 采用的是 MVVM（Model-View- ViewModel，模型-视图-视图模型）的开发模式。与传统的 MVC（Model- View- Controller，模型-视图-控制器）开发模式不同，MVVM 将 MVC 中的 Controller 改成了 ViewModel。在这种模式下，View 的变化会自动更新到 ViewModel，而 ViewModel 的变化也会自动同步到 View 上进行显示。MVVM 模式的示意如图 1-1 所示。

Vue.js 采用"一切都是组件"的理念。凭借应用组件化的特点，可以将任意封装好的代码注册成标签，这在很大程度上减少了重复开发，提高了开发效率和代码复用性。如果配合 Vue.js 的周边工具 vue-loader，可以将一个组件的 HTML、CSS 和 JavaScript 代码都写在同一个文件中，实现模块化开发。

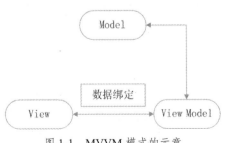

图 1-1 MVVM 模式的示意

1.1.2　Vue.js 的特性

Vue.js 的特性如下。

- ❑ 轻量级。与 AngularJS 和 ReactJS 相比，Vue.js 是一个更轻量级的前端库，不但容量非常小，而且没有其他的依赖。
- ❑ 数据绑定。Vue.js 最主要的特性就是双向的数据绑定。在传统的 Web 项目中，将数据在视图中展示出来后，如果需要再次修改视图，需要通过获取 DOM（Document Object Model，文档对象模型）的方法进行修改，这样才能维持数据和视图的一致。而 Vue.js 是一个响应式数据绑定系统，在建立绑定关系后，DOM 将和 Vue 对象中的数据保持同步，这样就无须手动获取 DOM 的值再同步到 Vue.js 中。
- ❑ 应用指令。同 AngularJS 一样，Vue.js 也提供了指令这一功能。指令用于在表达式的值发生改变时，将某些行为应用到绑定的 DOM 上，通过改变表达式的值就可以修改对应的 DOM。
- ❑ 插件化开发。与 AngularJS 类似，Vue.js 也可以用来开发一个完整的单页应用。Vue.js 的核心库中并不包含路由、Ajax 等功能，但是可以非常方便地加载对应的插件来实现这些功能。例如，vue-router 插件提供了路由管理功能，vue-resource 插件提供了数据请求功能。

1.2　Vue.js 的安装

Vue.js 的安装

1.2.1　使用 CDN

CDN 的全称是 Content Delivery Network，即内容分发网络。它是构建在现有的互联网基础之上的一层智能虚拟网络，依靠部署在各地的边缘服务器，通过中心平台的负载均衡、内容分发和调度等功能模块，使用户可就近获取所需内容，解决网络拥挤的问题，提高网站的响应速度。

在项目中使用 Vue.js 可以通过引用 CDN 链接的方式。这种方式很简单，只需要选择一个提供稳定 Vue.js 链接的 CDN 服务商。Vue.js 的官网中提供了一个 CDN 链接 "https://unpkg.com/vue@3"，在项目中直接通过<script>标签将其引入即可，代码如下。

```
<script src="https://unpkg.com/vue@3"></script>
```

1.2.2　使用 NPM

NPM（Node Package Manager，节点包管理器）是一个 Node.js 包管理和分发工具，支持很多第三方模块。在安装 Node.js 时，由于安装包中包含 NPM，因此不需要再额外安装 NPM。在使用 Vue.js 构建大型应用时推荐使用 NPM 进行安装。使用 NPM 安装 Vue 3.0 的命令如下。

```
npm install vue@3
```

NPM 的官方镜像需要从国外的服务器下载。为了节省安装时间，推荐使用淘宝 NPM 镜像 CNPM。将 NPM 镜像切换为 CNPM 镜像的命令如下。

```
npm install -g cnpm --registry=https://registry.npmmirror.com
```

之后就可以直接使用 cnpm 命令安装模块，命令格式如下。

```
cnpm install 模块名称
```

> 📖 **说明:** 在开发 Vue 3.0 的前端项目时,一般会使用 Vue CLI 工具搭建应用,此时会自动安装 Vue.js 的各个模块,不需要再单独使用 NPM 安装 Vue.js。

1.2.3 使用 Vue CLI

Vue CLI 是 Vue.js 官方提供的一个脚手架工具,使用该工具可以快速搭建一个应用。要使用 Vue CLI 工具,用户需要对 Node.js 和相关构建工具有一定的了解。如果是初学者,建议在熟悉 Vue 的基础知识之后再使用 Vue CLI 工具。关于 Vue CLI 工具的安装以及如何快速搭建一个应用,将在后面的内容中进行详细介绍。

1.3 开发工具 WebStorm 简介

开发工具 WebStorm 简介

WebStorm 是 JetBrains 公司旗下的一款 JavaScript 开发工具,被广大 JavaScript 开发者誉为 Web 前端开发"神器"、最强大的 HTML5 编辑器、最智能的 JavaScript IDE(Integrated Development Environment,集成开发环境)等。WebStorm 支持 Vue.js 的语法,通过安装插件的方式识别扩展名为.vue 的文件,在 WebStorm 中用于支持 Vue.js 的插件就叫 Vue.js。

> 📖 **说明:** 本书使用的 WebStorm 版本是 WebStorm 2023.3.4。该版本中默认安装了 Vue.js 插件,用户无须手动进行安装。

WebStorm 的版本会不断更新,这里以本书编写时 WebStorm 的最新版本 WebStorm 2023.3.4(以下简称 WebStorm)为例,介绍 WebStorm 的下载和安装。

1. WebStorm 的下载

WebStorm 的不同版本可以通过官方网站进行下载。下载 WebStorm 的步骤如下。

进入 WebStorm 的下载页面,单击"Download"按钮开始下载 WebStorm-2023.3.4.exe,如图 1-2 所示。

图 1-2 WebStorm 的下载页面

下载完成的结果如图 1-3 所示。注意，在使用不同的浏览器时，页面中显示的下载提示信息可能会有所不同，只要下载的内容为 WebStorm 安装程序即可。

图 1-3　WebStorm 安装程序下载完成

2．WebStorm 的安装

WebStorm 的安装步骤如下。

（1）双击"WebStorm-2023.3.4.exe"安装文件，打开 WebStorm 安装欢迎界面，如图 1-4 所示。

（2）单击"下一步"按钮，打开 WebStorm 选择安装位置界面。在该界面中可以设置 WebStorm 的安装目录，这里将安装目录设置为"D:\WebStorm 2023.3.4"，如图 1-5 所示。

图 1-4　WebStorm 安装欢迎界面

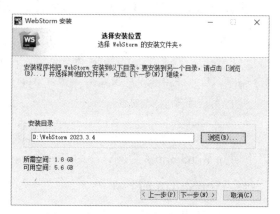

图 1-5　WebStorm 选择安装位置界面

（3）单击"下一步"按钮，打开 WebStorm 安装选项界面，如图 1-6 所示。在该界面中可以设置是否创建桌面快捷方式，以及创建关联文件等。

（4）单击"下一步"按钮，打开 WebStorm 选择开始菜单目录界面，如图 1-7 所示。

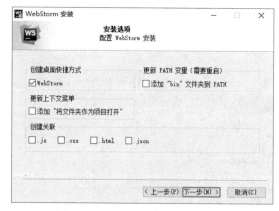

图 1-6　WebStorm 安装选项界面

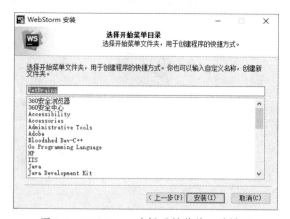

图 1-7　WebStorm 选择开始菜单目录界面

（5）单击"安装"按钮开始安装 WebStorm，安装中界面如图 1-8 所示。

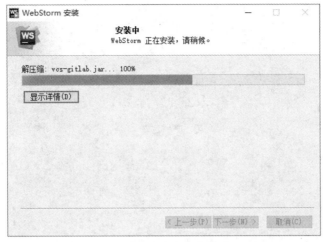

图 1-8　WebStorm 安装中界面

（6）安装结束后会打开图 1-9 所示的 WebStorm 安装程序结束界面，在该界面中选中"运行 WebStorm"复选框，然后单击"完成"按钮。

图 1-9　WebStorm 安装程序结束界面

（7）在首次运行 WebStorm 时会弹出图 1-10 所示的"Import WebStorm Settings"对话框，提示用户是否需要导入 WebStorm 上一版本的配置，这里保持默认选项即可。

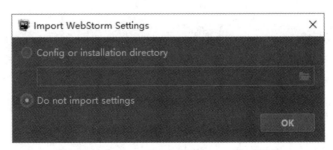

图 1-10　"Import WebStorm Settings"对话框

（8）单击"OK"按钮，打开选择试用或激活 WebStorm 界面，如图 1-11 所示。

图 1-11　选择试用或激活 WebStorm 界面

（9）单击"Start Free 30-Day Trial"按钮开始 30 天免费试用，此时会打开 WebStorm 欢迎界面，如图 1-12 所示，表示 WebStorm 安装成功。

图 1-12　WebStorm 欢迎界面

📖 说明：由于 WebStorm 是收费软件，因此这里选择的是 30 天试用版。如果读者想使用正式版，可以通过官方渠道购买。

1.4　创建第一个 Vue 实例

创建第一个 Vue 实例

【例 1-1】　创建第一个 Vue 实例，在 WebStorm 中编写代码，在页面中输出"I like Vue.js"（实例位置：资源包\MR\源代码\第 1 章\1-1）。

具体步骤如下。

（1）启动 WebStorm，如果未创建过任何项目，会弹出图 1-12 所示的 WebStorm 欢迎界面。

（2）单击 "New Project" 按钮，弹出 "New Project" 窗口。在窗口中输入项目名称 "demo"，并选择项目存储路径，将项目文件夹存储在计算机的 E 盘中，然后单击 "Create" 按钮创建项目，如图 1-13 所示。

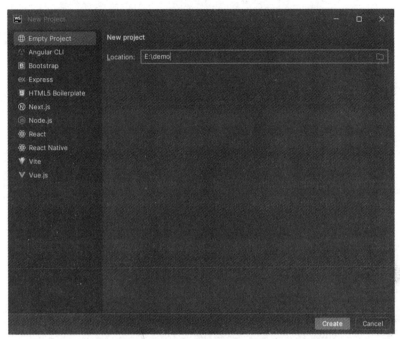

图 1-13 "New Project" 窗口

（3）在项目名称 "demo" 上单击鼠标右键，然后依次选择 "New" → "HTML File" 选项，如图 1-14 所示。

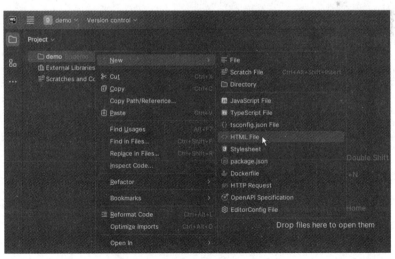

图 1-14 在文件夹下创建 HTML 文件

（4）在弹出的 "New HTML File" 对话框的文本框中输入新建文件的名称 "index"，如图 1-15 所示，然后按<Enter>键，完成 index.html 文件的创建。此时，开发工具会自动打开刚刚创建的文件，结果如图 1-16 所示。

图 1-15　"New HTML File" 对话框

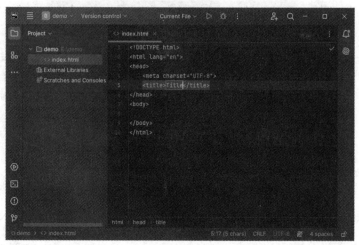

图 1-16　打开刚刚创建的文件

（5）在 index.html 文件中编写代码，具体代码如下。

```html
<!DOCTYPE html>
<html lang="en">
<head>
    <meta charset="UTF-8">
    <title>第一个 Vue 实例</title>
</head>
<body>
<div id="app">
    <h1>{{message}}</h1>
</div>
<script src="https://unpkg.com/vue@3"></script>
<script type="text/javascript">
    //创建应用程序实例
    const vm = Vue.createApp({
        //返回数据对象
        data(){
            return {
                message : 'I like Vue.js'
            }
        }
    //挂载应用程序实例的根组件
    }).mount('#app');
</script>
</body>
</html>
```

（6）双击 "E:\demo" 目录下的 index.html 文件，在浏览器中会看到程序运行结果，如图 1-17 所示。

图 1-17　程序运行结果

📖 **说明**：在编写 Vue.js 代码时，除了 WebStorm 工具之外，还有一种比较常用的开发工具——VS Code。如果想了解 VS Code 工具，可以通过 AIGC 工具查找相关资料。例如，使用通义（或者其他企业的大模型工具），输入"VS Code 编辑工具"并发送，其会自动提供相关内容，如图 1-18 所示。

图 1-18　使用 AIGC 工具查询 VS Code 工具的相关资料

1.5　在 WebStorm 中引入 AIGC 工具

随着 AIGC 技术的迅猛发展，我们正步入一个全新的时代——利用 AIGC 技术高效学习和工作。例如，在学习程序开发的道路上，我们可以将 AIGC 工具引入编程工具中，让 AIGC 工具成为我们的编程助手。这在 WebStorm 中可以通过安装插件来实现，下面介绍如何在 WebStorm 中引入 AIGC 工具。

1.5.1　AIGC 编程助手 Baidu Comate

文心快码（Baidu Comate）是基于 AIGC 的代码生成工具，可以使用户的编程工作变得更快、更简单。Baidu Comate 由 ERNIE-Code 提供支持，ERNIE-Code 是一个经过百度多年积累的非敏感代码数据和 GitHub 公开代码数据训练的模型。它可以自动生成完整的、符合场景要求的代码行或代码块，帮助开发者轻松地完成开发任务。

在 WebStorm 中选择"File"→"Settings"→"Plugins"菜单命令，选择"Marketplace"，在"搜索"文本框中输入"Baidu Comate"，找到"Baidu Comate"，然后单击右侧的"Install"按钮进行安装，如图 1-19 所示。

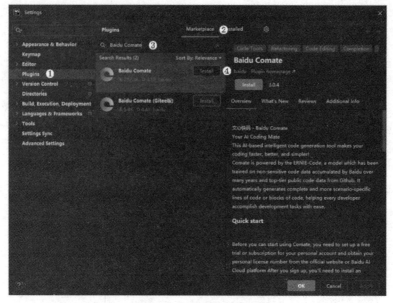

图 1-19　安装 AIGC 编程助手 Baidu Comate

1.5.2　AIGC 编程助手 TONGYI Lingma

通义灵码（TONGYI Lingma）是一款基于通义大模型的智能编程辅助工具，提供行级/函数级实时续写、自然语言生成代码、单元测试生成、代码注释生成、代码解释、研发智能问答、异常报错排查等能力，并针对阿里云 SDK/API 的使用场景进行调优，给开发者带来了高效、流畅的编程体验。

在 WebStorm 中选择"File"→"Settings"→"Plugins"菜单命令，选择"Marketplace"，在"搜索"文本框中输入"TONGYI Lingma"，找到"TONGYI Lingma"，然后单击右侧的"Install"按钮进行安装，如图 1-20 所示。

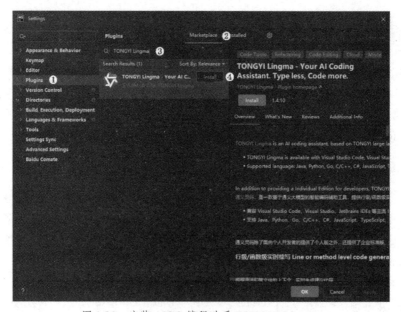

图 1-20　安装 AIGC 编程助手 TONGYI Lingma

1.5.3　DeepSeek R1 推理大模型

DeepSeek R1 是杭州深度求索人工智能基础技术研究有限公司（DeepSeek）研发的开源免费推理模型。DeepSeek R1 拥有卓越的性能，在数学运算、代码编写和推理任务上可与 OpenAI o1 媲美。其采用的大规模强化学习技术仅需少量标注数据即可显著提升模型性能。该模型完全开源，采用 MIT 许可协议，并开源了多个小模型，进一步降低了应用门槛，赋能开源社区发展。当前，很多 AIGC 代码编写工具已经接入 DeepSeek R1 大模型，如腾讯的腾讯云 AI 代码助手、豆包的 MarsCode 等。

用户直接在开发工具的插件对话框中安装腾讯云 AI 代码助手或 MarsCode，即可在编写代码时使用 DeepSeek R1 大模型辅助编程。

在日常学习和工作中，以上 AIGC 工具可以帮助我们提高代码的编写效率和代码质量。

小结

本章主要介绍了 Vue.js 的特性、Vue.js 的安装、开发工具 WebStorm 的下载和安装，以及在 WebStorm 中引入 AIGC 工具的方法。通过这些内容，读者可对 Vue.js 有初步的了解，为以后的学习奠定基础。

上机指导

在页面中输出一张图片。程序运行效果如图 1-21 所示（实例位置：资源包\MR\上机指导\第 1 章\）。

图 1-21　程序运行效果

开发步骤如下。

（1）创建 HTML 文件，在文件中使用 CDN 方式引入 Vue.js，代码如下。

```
<script src="https://unpkg.com/vue@3"></script>
```

（2）定义<div>元素，并设置其 id 属性值为 app，代码如下。

```
<div id="app"></div>
```

（3）创建应用程序实例，在实例中定义数据对象，代码如下。

```
<script type="text/javascript">
    //创建应用程序实例
    const vm = Vue.createApp({
```

```
        //返回数据对象
        data(){
            return {
                url : 'football.jpg'
            }
        }
        //挂载应用程序实例的根组件
    }).mount('#app');
</script>
```

（4）在<div>元素中使用 v-bind 指令为<img>标签绑定 src 属性，代码如下。

```
<div id="app">
    <img v-bind:src="url">
</div>
```

习题

1-1　简单描述 Vue.js 的特性。

1-2　有哪几种安装 Vue.js 的方法？

第2章

基础特性

本章要点
- ❑ 应用程序实例及选项
- ❑ 指令
- ❑ 插值
- ❑ AIGC 辅助快速学习

应用 Vue.js 开发程序时，要了解如何将数据在视图中展示出来。Vue.js 采用了一种特别的语法来构建视图。本章主要介绍 Vue 实例和数据绑定的语法，以及如何通过数据绑定将数据和视图相关联。

2.1 应用程序实例及选项

每个 Vue.js 应用都需要创建一个应用程序实例并挂载到指定 DOM 上。在 Vue 3.0 中，创建一个应用程序实例的语法格式如下。

```
Vue.createApp(App)
```

createApp()是一个全局 API，它接收一个组件选项对象作为参数。组件选项对象中包括数据、方法、生命周期钩子函数等选项。创建应用程序实例后，可以调用实例的 mount()方法，将应用程序实例的根组件挂载到指定的 DOM 元素上。这样，该 DOM 元素中的所有数据变化都会被 Vue 所监控，从而实现数据的双向绑定。例如，要绑定的 DOM 元素的 id 属性值为 app，创建一个应用程序实例并绑定到该 DOM 元素的代码如下。

```
Vue.createApp(App).mount('#app')
```

下面分别对组件选项对象中的几个选项进行介绍。

2.1.1 数据

组件选项对象中有一个 data（数据）选项，该选项是一个函数，Vue 在创建应用程序实例时会调用该函数。data()函数可以返回一个数据对象，应用程序实例本身会代理数据对象中的所有数据。例如，创建一个应用程序实例 vm，在实例的 data 选项中定义一个数据，代码如下。

```
<div id="app">
    <h2>{{text}}</h2>
</div>
<script src="https://unpkg.com/vue@3"></script>
<script type="text/javascript">
    //创建应用程序实例
    const vm = Vue.createApp({
```

```
        //返回数据对象
        data(){
            return{
                text: '读万卷书, 行万里路。'          //定义数据
            }
        }
    //挂载应用程序实例的根组件
    }).mount('#app');
</script>
```

运行结果如图 2-1 所示。

图 2-1 输出定义的数据

上述代码中创建了一个应用程序实例 vm, 在实例的 data 选项中定义了一个属性 text。其中 {{text}}用于输出 text 属性的值。由此可见, data 数据与 DOM 进行了关联。

📖 说明: 在实际开发中并不一定要将应用程序实例赋给某个变量。

2.1.2 方法

Vue 实例通过 methods (方法) 选项可以定义方法, 示例代码如下。

```
<div id="app">
    <p>{{showInfo()}}</p>
</div>
<script src="https://unpkg.com/vue@3"></script>
<script type="text/javascript">
    //创建应用程序实例
    const vm = Vue.createApp({
        //返回数据对象
        data(){
            return {
                text : '书是人类进步的阶梯。',
                author : '—— 高尔基'
            }
        },
        methods : {
            showInfo : function(){
                return this.text + this.author;          //连接字符串
            }
        }
    //挂载应用程序实例的根组件
    }).mount('#app');
</script>
```

运行结果如图 2-2 所示。

图 2-2　输出方法的返回值

在上述代码中，实例的 methods 选项中定义了一个 showInfo()方法，{{showInfo()}}用于调用该方法，从而输出数据对象中的属性值。

2.1.3　生命周期钩子函数

每个应用程序实例在创建时都有一系列的初始化步骤。例如，创建数据绑定、编译模板、将实例挂载到 DOM 并在数据变化时触发 DOM 更新、销毁实例等。这个过程会运行生命周期钩子函数，通过这些钩子函数可以定义业务逻辑。应用程序实例中几个主要的生命周期钩子函数说明如下。

- beforeCreate()：在实例初始化之后，数据观测和事件监听器配置之前进行调用。
- created()：在实例创建之后进行调用，此时尚未开始 DOM 编译。在需要初始化处理一些数据时比较有用。
- beforeMount()：在挂载开始之前进行调用，此时 DOM 还无法操作。
- mounted()：在 DOM 文档渲染完毕之后进行调用，相当于 JavaScript 中的 window.onload()方法。
- beforeUpdate()：在数据更新时进行调用，适合在更新之前访问现有的 DOM，比如手动移除已添加的事件监听器。
- updated()：在数据更改导致的虚拟 DOM 被重新渲染时进行调用。
- beforeDestroy()：在销毁实例前进行调用，此时实例仍然有效，可以解绑一些使用 addEventListener 监听的事件等。
- destroyed()：在实例被销毁之后进行调用。

下面通过一个示例来了解 Vue.js 内部的运行机制。代码如下。

```
<div id="app">
    <p>{{text}}</p>
</div>
<script src="https://unpkg.com/vue@3"></script>
<script type="text/javascript">
    //创建应用程序实例
    const vm = Vue.createApp({
        //返回数据对象
        data(){
            return {
                text : '不积跬步, 无以至千里; '
            }
        },
        beforeCreate : function(){
            console.log('beforeCreate');
        },
        created : function(){
            console.log('created');
```

```
        },
        beforeMount : function(){
            console.log('beforeMount');
        },
        mounted : function(){
            console.log('mounted');
        },
        beforeUpdate : function(){
            console.log('beforeUpdate');
        },
        updated : function(){
            console.log('updated');
        }
    //挂载应用程序实例的根组件
    })).mount('#app');
    setTimeout(function(){
        vm.text = "不积小流，无以成江海。";
    },2000);
</script>
```

在浏览器控制台中运行上述代码，页面渲染完成后的效果如图 2-3 所示。

经过 2s 后调用 setTimeout()方法，修改 text 的内容，触发 beforeUpdate()和 updated()钩子函数，页面最终效果如图 2-4 所示。

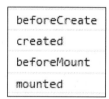

图 2-3　页面渲染完成后的效果

图 2-4　页面最终效果

2.2　插值

插值

创建应用程序实例后，需要通过插值进行数据绑定。数据绑定是 Vue.js 最核心的一个特性。进行数据绑定后，数据和视图会相互关联，当数据发生变化时，视图会自动进行更新。这样就无须手动获取 DOM 的值，使代码更加简洁，提高了开发效率。

2.2.1　文本插值

文本插值是数据绑定最基本的形式，使用的是双花括号标签{{}}。它会自动将绑定的数据实时显示出来。

【例 2-1】使用双花括号标签将文本插入 HTML 中（实例位置：资源包\MR\源代码\第 2 章\2-1）。实现代码如下。

```
<div id="app">
    <h3>{{text}}</h3>
```

```
    </div>
    <script src="https://unpkg.com/vue@3"></script>
    <script type="text/javascript">
        const vm = Vue.createApp({
            data(){
                return {
                    text : '海阔凭鱼跃，天高任鸟飞。'        //定义数据
                }
            }
        }).mount('#app');
    </script>
```

运行结果如图 2-5 所示。

图 2-5 输出插入的文本

上述代码中，{{text}}标签被相应的数据对象中 text 属性的值所替代，而且将 DOM 中的 text 与 data 中的 text 属性进行了绑定。当数据对象中的 text 属性值发生改变时，文本中的值也会相应地发生变化。

如果只需渲染一次数据，可以使用单次插值。单次插值即只执行一次插值，在第一次插入文本后，当数据对象中的属性值发生改变时，插入的文本将不会更新。单次插值可以使用 v-once 指令。示例代码如下。

```
<div id="app">
    <h3 v-once>{{text}}</h3>
</div>
```

上述代码中，在<h3>标签中使用了 v-once 指令，这样，当修改数据对象中的 text 属性值时并不会引起 DOM 的变化。

📖 说明：关于指令的概念将在 2.3 节中进行介绍。

如果想要显示{{}}标签，而不进行替换，可以使用 v-pre 指令，使用该指令可以跳过该元素和其子元素的编译过程。示例代码如下。

```
<div id="app">
    <p v-pre>{{text}}</p>
</div>
<script src="https://unpkg.com/vue@3"></script>
<script type="text/javascript">
    const vm = Vue.createApp({
        data(){
            return {
                text : '时间是伟大的导师。'        //定义数据
            }
        }
    }).mount('#app');
</script>
```

运行结果如图 2-6 所示。

图 2-6　输出{{}}标签

2.2.2　插入 HTML

双花括号标签中的值会被当作普通文本来处理。如果要输出真正的 HTML 内容，需要使用 v-html 指令。

【例 2-2】　使用 v-html 指令将 HTML 内容插入标签（实例位置：资源包\MR\源代码\第 2 章\2-2）。

实现代码如下。

```
<div id="app">
    <p v-html="message"></p>
</div>
<script src="https://unpkg.com/vue@3"></script>
<script type="text/javascript">
    const vm = Vue.createApp({
        data(){
            return {
                message : '<h2>天才出于勤奋</h2>'            //定义数据
            }
        }
    }).mount('#app');
</script>
```

运行结果如图 2-7 所示。

图 2-7　输出插入的 HTML 内容

上述代码中，为<p>标签应用 v-html 指令后，数据对象中 message 属性的值将作为 HTML 元素插入<p>标签中。

2.2.3　绑定属性

双花括号标签不能应用在 HTML 元素中。如果要为 HTML 元素绑定属性，不能直接使用文本插值的方式，而需要使用 v-bind 指令对属性进行绑定。

【例 2-3】使用 v-bind 指令为 HTML 元素绑定 class 属性（实例位置：资源包\MR\源代码\第 2 章\2-3）。

实现代码如下。

```
<style type="text/css">
    .title{
        background:#6699FF;
        color:#FFFFFF;
        border:1px solid #FF0000;
        display:inline-block;
        padding:10px;
        font-size:18px;
    }
</style>
<div id="app">
    <span v-bind:class="value">成功永远属于马上行动的人</span>
</div>
<script src="https://unpkg.com/vue@3"></script>
<script type="text/javascript">
    const vm = Vue.createApp({
        data(){
            return {
                value : 'title'              //定义绑定的属性值
            }
        }
    }).mount('#app');
</script>
```

运行结果如图 2-8 所示。

图 2-8 通过绑定属性设置元素样式

上述代码中，为<span>标签应用 v-bind 指令，将该标签的 class 属性与数据对象中的 value 属性进行绑定，这样，数据对象中 value 属性的值将作为<span>标签的 class 属性值。

为 HTML 元素绑定属性的操作比较频繁，为了尽量减少经常使用 v-bind 指令带来的麻烦，Vue.js 为该指令提供了一种简写形式 ":"。例如，为 "明日学院" 超链接设置 URL（Uniform Resource Locator，统一资源定位符）的完整格式如下。

```
<a v-bind:href="url">明日学院</a>
```

简写形式如下。

```
<a :href="url">明日学院</a>
```

【例 2-4】 使用 v-bind 指令的简写形式为图片绑定属性（实例位置：资源包\MR\源代码\第 2 章\2-4）。

实现代码如下。

```
<style type="text/css">
.myImg{
```

```
        width:300px;
        border:1px solid #000000;
    }
</style>
<div id="app">
    <img :src="src" :class="value" :title="tip">
</div>
<script src="https://unpkg.com/vue@3"></script>
<script type="text/javascript">
    const vm = Vue.createApp({
        data(){
            return {
                src : 'images/basketball.jpg',//图片 URL
                value : 'myImg',//图片 CSS 类名
                tip : '篮球'//图片提示文字
            }
        }
    }).mount('#app');
</script>
```

运行结果如图 2-9 所示。

图 2-9　为图片绑定属性

2.2.4　使用表达式

在双花括号标签中进行数据绑定时，标签中的内容可以是一个 JavaScript 表达式。这个表达式可以是常量或者变量，也可以是由常量、变量、运算符组合而成的式子。表达式的值是其运算后的结果。

⚠️ **注意**：每个数据绑定标签中只能包含单个表达式，而不能使用 JavaScript 语句。

【例 2-5】　明日科技的企业 QQ 邮箱地址为 "4006751066@qq.com"，在双花括号标签中应用表达式获取该 QQ 邮箱地址中的 QQ 号（实例位置：资源包\MR\源代码\第 2 章\2-5）。
实现代码如下。

```
<div id="app">
    邮箱地址：{{email}}<br>
```

```
        QQ号码: {{email.substr(0,email.indexOf('@'))}}
</div>
<script src="https://unpkg.com/vue@3"></script>
<script type="text/javascript">
    const vm = Vue.createApp({
        data(){
            return {
                email : '4006751066@qq.com'          //定义邮箱地址
            }
        }
    }).mount('#app');
</script>
```

运行结果如图 2-10 所示。

图 2-10 输出 QQ 邮箱地址中的 QQ 号

2.3 指令

指令是 Vue.js 的重要特性之一，它是带有 v-前缀的特殊属性。从写法上来说，指令的值限定为绑定表达式。指令用于在绑定表达式的值发生改变时，根据指定的操作对 DOM 进行修改，这样就无须手动管理 DOM 的变化和状态，提高了程序的可维护性。示例代码如下。

指令

```
<p v-if="show">欢迎访问明日学院</p>
```

上述代码中，v-if 指令将根据表达式 show 的值来确定是否插入<p>元素。如果 show 的值为 true，则插入<p>元素；如果 show 的值为 false，则移除<p>元素。还有一些指令的语法略有不同，它们能够接收参数和修饰符，下面分别进行介绍。

2.3.1 参数

一些指令能够接收一个参数，例如 v-bind 指令、v-on 指令。该参数位于指令和表达式之间，并用冒号与指令分隔。v-bind 指令的示例代码如下。

```
<img v-bind:src="imageSrc">
```

上述代码中，src 即参数，通过 v-bind 指令将<img>元素的 src 属性与表达式 imageSrc 的值进行绑定。

v-on 指令的示例代码如下。

```
<button v-on:click="search">搜索</button>
```

上述代码中，click 即参数，该参数为监听的事件名称。当触发"搜索"按钮的 click 事件时会调用 search()方法。

📖 **说明：** 关于 v-on 指令的具体介绍可参考第 6 章。

2.3.2 动态参数

从 Vue 2.6.0 开始，指令的参数可以是动态参数，即将用方括号括起来的表达式作为指令的参数。语法格式如下。

```
指令:[表达式]
```

使用动态参数的示例代码如下。

```
<img v-bind:[attr]="imageSrc">
```

上述代码中，attr 会作为一个表达式进行动态求值，将计算结果作为最终的参数使用。例如，在组件实例的数据对象中有一个 attr 属性，其值为 src，那么上述代码中的绑定等价于 v-bind:src。

2.3.3 修饰符

修饰符是一种以点号为前缀的特殊后缀，通常加在指令或参数后面。例如，.prevent 修饰符用于在事件触发时调用 event.preventDefault()方法。示例代码如下。

```
<form v-on:submit.prevent="onSubmit"></form>
```

运行此代码，当提交表单时会调用 event.preventDefault()方法以阻止浏览器的默认行为。

📖 **说明：** 关于修饰符的更多介绍可参考第 6 章。

2.4 AIGC 辅助快速学习

国内的大模型工具提供商大多提供了 AIGC 编程助手，如百度的 Baidu Comate、腾讯的 AI 代码助手、阿里巴巴的 TONGYI Lingma 等。在开发工具中使用这些 AIGC 编程助手，有助于高效编程，提高开发效率。例如，在开发工具中可以使用 AIGC 辅助添加注释、解释代码和查询术语等。

2.4.1 AIGC 辅助添加注释

在要添加注释的代码后输入"//"符号，AIGC 将自动生成代码注释，如图 2-11 所示，按<Tab>键将自动添加代码注释。

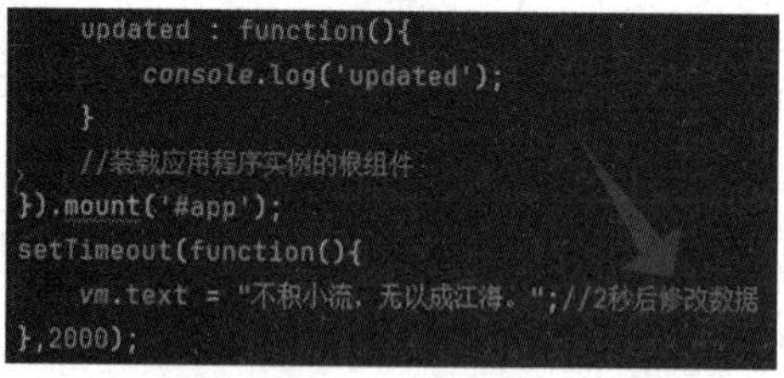

图 2-11　AIGC 辅助添加注释

2.4.2 AIGC 辅助解释代码

AIGC 编程助手可以对代码进行解释。首先选择指定的代码，然后右击，选择"通义灵码"→

"解释代码"选项，如图 2-12 所示，即可生成相关的解释，如图 2-13 所示。

图 2-12　选择"解释代码"选项

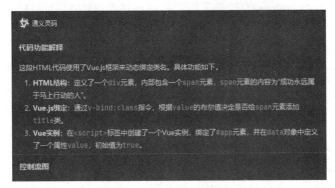

图 2-13　AIGC 辅助解释代码

2.4.3　AIGC 辅助查询术语

在学习过程中，如果遇到不理解的术语等也可以向 AIGC 提问。例如，想要知道"什么是 Vue 指令"，可以打开"Baidu Comate"对话窗口，在下方输入框中输入"什么是 Vue 指令"，单击"发送"按钮或<Enter>键，AIGC 便会快速给出回复，如图 2-14 所示。

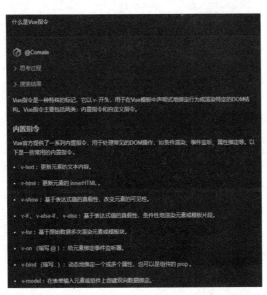

图 2-14　AIGC 辅助查询术语

小结

本章主要介绍了应用程序实例的组件选项对象中的几个基本选项，以及进行数据绑定的方法和 AIGC 辅助快速学习。希望读者熟练掌握这些内容，只有掌握这些基础知识，才可以学好后面的内容。

上机指导

在应用程序实例中定义一个方法，通过调用该方法获取当前的日期和星期并输出。程序运行效果如图 2-15 所示（实例位置：资源包\MR\上机指导\第 2 章\）。

图 2-15　获取当前的日期和星期

开发步骤如下。

（1）创建 HTML 文件，在文件中使用 CDN 方式引入 Vue.js，代码如下。

```
<script src="https://unpkg.com/vue@3"></script>
```

（2）定义 \<div\> 元素，并设置其 id 属性值为 app，代码如下。

```
<div id="app"></div>
```

（3）创建应用程序实例，在实例中分别定义数据和方法，代码如下。

```
<script type="text/javascript">
    const vm = Vue.createApp({
        data(){
            return {
                date : new Date()
            }
        },
        methods: {
            nowdate: function(){
                var value = this.date;
                var year=value.getFullYear();          //获取当前年份
                var month=value.getMonth()+1;          //获取当前月份
                var date=value.getDate();              //获取当前日期
                var day=value.getDay();                //获取当前星期
                var week="";                           //初始化变量
                switch(day){
                    case 1:                            //如果变量 day 的值为 1
                        week="星期一";                  //为变量赋值
                        break;                         //退出 switch 语句
                    case 2:                            //如果变量 day 的值为 2
                        week="星期二";                  //为变量赋值
                        break;                         //退出 switch 语句
```

```
                case 3:                              //如果变量 day 的值为 3
                    week="星期三";                     //为变量赋值
                    break;                            //退出 switch 语句
                case 4:                              //如果变量 day 的值为 4
                    week="星期四";                     //为变量赋值
                    break;                            //退出 switch 语句
                case 5:                              //如果变量 day 的值为 5
                    week="星期五";                     //为变量赋值
                    break;                            //退出 switch 语句
                case 6:                              //如果变量 day 的值为 6
                    week="星期六";                     //为变量赋值
                    break;                            //退出 switch 语句
                default:                             //默认值
                    week="星期日";                     //为变量赋值
                    break;                            //退出 switch 语句
            }
            var dstr="今天是: "+year+"年"+month+"月"+date+"日 "+week;
            return dstr;
        }
    }
}).mount('#app');
</script>
```

（4）在\<div\>元素中应用双花括号标签进行数据绑定，代码如下。

```
<div id="app">
    <span>{{nowdate()}}</span>
</div>
```

习题

2-1　在应用程序实例的组件选项对象中，基本的选项有哪几个？

2-2　为 HTML 元素绑定属性需要使用什么指令？

2-3　Vue.js 中的指令有什么作用？

第3章 条件判断与列表渲染

本章要点
- ❏ 应用 v-if 指令进行条件判断
- ❏ v-else-if 指令的使用
- ❏ 应用 v-for 指令遍历对象
- ❏ v-else 指令的使用
- ❏ 应用 v-for 指令遍历数组
- ❏ 应用 v-for 指令遍历整数

在程序设计中,条件判断和列表渲染是必不可少的,也是使程序拥有丰富变化的技术。Vue.js 提供了相应的指令来实现条件判断和列表渲染, 通过条件判断可以控制 DOM 元素的显示状态, 通过列表渲染可以将数组或对象中的数据渲染到 DOM 中。本章主要介绍 Vue.js 的条件判断和列表渲染。

3.1 条件判断

在视图中, 经常需要控制某些 DOM 元素的显示或隐藏。Vue.js 提供了多个指令来实现条件的判断, 包括 v-if、v-else、v-else-if、v-show 指令。下面分别进行介绍。

3.1.1 v-if 指令

v-if 指令用于根据表达式的值来判断是否输出 DOM 元素及其包含的子元素。如果表达式的值为 true, 就输出 DOM 元素及其包含的子元素; 否则, 就将 DOM 元素及其包含的子元素移除。

v-if 指令

例如, 输出某学生的考试成绩, 并判断该考试成绩是否及格, 代码如下。

```
<div id="app">
    <p>考试成绩是{{score}}分</p>
    <p v-if="score">=60">考试成绩及格</p>
</div>
<script src="https://unpkg.com/vue@3"></script>
<script type="text/javascript">
    //创建应用程序实例
    const vm = Vue.createApp({
        //返回数据对象
        data(){
            return {
                score: 66
            }
        }
```

```
        //挂载应用程序实例的根组件
    })).mount('#app');
</script>
```

运行结果如图 3-1 所示。

3.1.2　v-else 指令

图 3-1　输出考试成绩与判断结果

v-else 指令的作用相当于 JavaScript 中的 else 语句部分。可以将 v-else 指令与 v-if 指令一起使用。

【例 3-1】 应用 v-if 指令和 v-else 指令判断 2024 年 2 月份的天数（实例位置：资源包\MR\源代码\第 3 章\3-1）。

实现代码如下。

v-else 指令

```
<div id="app">
    <p v-if="(year%4==0 && year%100!=0) || year%400==0">
        {{show(29)}}
    </p>
    <p v-else>
        {{show(28)}}
    </p>
</div>
<script src="https://unpkg.com/vue@3"></script>
<script type="text/javascript">
    //创建应用程序实例
    const vm = Vue.createApp({
        //返回数据对象
        data(){
            return {
                year : 2024
            }
        },
        methods : {
            show : function(days){
                alert(this.year+'年 2 月份有'+days+'天');//弹出对话框
            }
        }
        //挂载应用程序实例的根组件
    })).mount('#app');
</script>
```

运行结果如图 3-2 所示。

图 3-2　输出 2024 年 2 月份的天数

3.1.3　v-else-if 指令

v-else-if 指令

v-else-if 指令的作用相当于 JavaScript 中的 else if 语句部分。应用该指令可以进行更多的条件判断，不同的条件对应不同的输出结果。

【例 3-2】 获取当前的月份，并判断当前月份属于哪个季节（实例位置：资源包\MR\源代码\第 3 章\3-2）。

实现代码如下。

```
<div id="app">
    <p>当前月份是{{month}}月</p>
    <div v-if="month >= 2 && month <= 4">
        当前月份属于春季
    </div>
    <div v-else-if="month >= 5 && month <= 7">
        当前月份属于夏季
    </div>
    <div v-else-if="month >= 8 && month <= 10">
        当前月份属于秋季
    </div>
    <div v-else>
        当前月份属于冬季
    </div>
</div>
<script src="https://unpkg.com/vue@3"></script>
<script type="text/javascript">
    //创建应用程序实例
    const vm = Vue.createApp({
        //返回数据对象
        data(){
            return {
                month: new Date().getMonth() + 1
            }
        }
    //挂载应用程序实例的根组件
    }).mount('#app');
</script>
```

运行结果如图 3-3 所示。

图 3-3 输出当前的月份和季节

⚠注意：v-else 指令必须紧跟在 v-if 指令或 v-else-if 指令的后面，否则不起作用。同样，v-else-if 指令也必须紧跟在 v-if 指令或 v-else-if 指令的后面。

3.1.4 v-show 指令

v-show 指令用于根据表达式的值来判断是否显示或隐藏 DOM 元素。当表达式的值为 true 时，元素将被显示；当表达式的值为 false 时，元素将被隐藏，此时会为元素添加一个内联样式 style="display:none"。与 v-if 指令不同，使用 v-show 指令的元素，无论表达式的值是 true 还是 false，该元素始终都会被渲染并保留在 DOM 中。改变绑定值只需简单地切换元素的 CSS 属性 display。

v-show 指令

⚠注意：v-show 指令不支持<template>元素，也不支持 v-else 指令。

【例 3-3】利用单击按钮切换图片的显示和隐藏(实例位置：资源包\MR\源代码\第 3 章\3-3)。
实现代码如下。

```
<div id="app">
    <input type="button" :value="bText" v-on:click="toggle">
    <div v-show="show">
        <img src="1-1.jpg">
    </div>
</div>
<script src="https://unpkg.com/vue@3"></script>
<script type="text/javascript">
    //创建应用程序实例
    const vm = Vue.createApp({
        //返回数据对象
        data(){
            return {
                bText : '隐藏图片',
                show : true
            }
        },
        methods : {
            toggle : function(){
                //切换按钮文字
                this.bText == '隐藏图片' ? this.bText = '显示图片' : this.bText = '隐藏图片';
                this.show = !this.show;//修改属性值
            }
        }
    //挂载应用程序实例的根组件
    }).mount('#app');
</script>
```

运行结果如图 3-4 和图 3-5 所示。

图 3-4　显示图片

图 3-5　隐藏图片

3.1.5　v-if 和 v-show 的比较

v-if 和 v-show 实现的功能类似，但是两者也有着本质的区别。下面列出
v-if 和 v-show 这两个指令的主要不同点。

❑　在使用 v-if 进行切换时，因为 v-if 中的模板可能包括数据绑定或子
组件，所以 Vue.js 会有一个局部编译/卸载的过程。而在使用 v-show

v-if 和 v-show 的
比较

进行切换时，仅发生了样式的变化。因此从切换的角度考虑，v-show 消耗的性能比
v-if 小。

❑ v-if 是惰性的，在初始条件为 false 时，使用 v-if 则什么都不会做；而使用 v-show 时，
不管初始条件是真还是假，DOM 元素总是会被渲染。因此从初始渲染的角度考虑，v-if
消耗的性能比 v-show 小。

总的来说，v-if 有更大的切换消耗而 v-show 有更大的初始渲染消耗。因此，如果需要频繁
地切换，则使用 v-show 较好；如果在运行时条件很少改变，则使用 v-if 较好。

3.2 列表渲染

Vue.js 提供了列表渲染的功能，即将数组或对象中的数据循环渲染到 DOM 中。在 Vue.js
中，列表渲染使用的是 v-for 指令，其效果类似于 JavaScript 中的"遍历"。

3.2.1 应用 v-for 指令遍历数组

应用 v-for 指令
遍历数组

v-for 指令用于根据接收的数组中的数据重复渲染 DOM 元素。应用该指令
需要使用 item in items 形式的语法，其中，items 为数据对象中的数组名称，item
为数组元素的别名，通过别名可以获取当前数组遍历的每个元素。

例如，应用 v-for 指令输出数组中存储的商品名称，代码如下。

```
<div id="app">
    <ul>
        <li v-for="item in items">{{item.name}}</li>
    </ul>
</div>
<script src="https://unpkg.com/vue@3"></script>
<script type="text/javascript">
    const vm = Vue.createApp({
        data(){
            return {
                items : [                              //定义商品名称数组
                    { name : 'OPPO Reno11 5G 手机'},
                    { name : '戴尔（DELL）Pro 灵越 15 大屏轻薄本'},
                    { name : '海信 65E75K 65 英寸电视'}
                ]
            }
        }
    }).mount('#app');
</script>
```

运行结果如图 3-6 所示。

图 3-6 输出商品名称

在应用 v-for 指令遍历数组时，还可以指定一个参数作为当前数组元素的索引，语法格式为

(item,index) in items。其中，items 为数组名称，item 为数组元素的别名，index 为数组元素的索引。

【例 3-4】 应用 v-for 指令输出几位古代著名诗人的全名、所处朝代和代表作品（实例位置：资源包\MR\源代码\第 3 章\3-4）。

实现代码如下。

```
<div id="app">
    <div class="title">
        <div class="col-1">序号</div>
        <div class="col-1">全名</div>
        <div class="col-1">所处朝代</div>
        <div class="col-2">代表作品</div>
    </div>
    <div class="content" v-for="(goods,index) in personlist">
        <div class="col-1">{{index + 1}}</div>
        <div class="col-1">{{goods.name}}</div>
        <div class="col-1">{{goods.time}}</div>
        <div class="col-2">{{goods.works}}</div>
    </div>
</div>
<script src="https://unpkg.com/vue@3"></script>
<script type="text/javascript">
    const vm = Vue.createApp({
        data(){
            return {
                personlist : [{ //定义诗人信息列表
                    name : '李白',
                    time : '唐朝',
                    works : '望天门山、静夜思、早发白帝城'
                },{
                    name : '王安石',
                    time : '北宋',
                    works : '元日、泊船瓜洲、登飞来峰'
                },{
                    name : '苏轼',
                    time : '北宋',
                    works : '题西林壁、纵笔三首、望海楼晚景'
                }]
            }
        }
    }).mount('#app');
</script>
```

运行结果如图 3-7 所示。

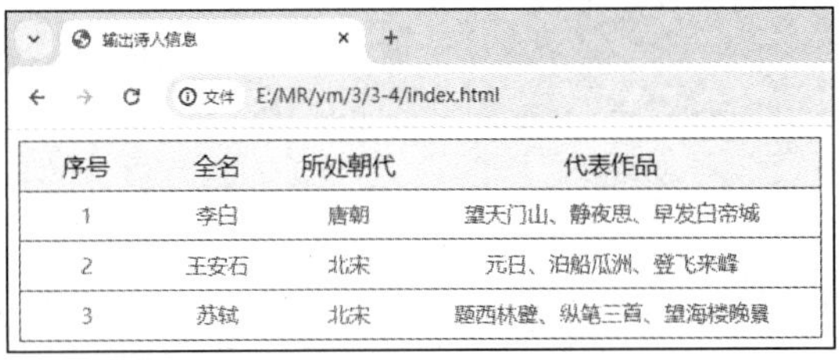

图 3-7　输出诗人信息

3.2.2 在\<template>元素中使用 v-for 指令

与 v-if 指令类似，如果需要对一组元素进行循环操作，可以使用\<template>元素作为包装元素，并在该元素中使用 v-for 指令。

【例 3-5】 在\<template>元素中使用 v-for 指令，实现输出网站导航菜单的功能（实例位置：资源包\MR\源代码\第 3 章\3-5）。

在\<template>元素中使用 v-for 指令

实现代码如下。

```html
<div id="app">
    <ul>
        <template v-for="menu in menulist">
            <li class="item">{{menu}}</li>
            <li class="separator"></li>
        </template>
    </ul>
</div>
<script src="https://unpkg.com/vue@3"></script>
<script type="text/javascript">
    const vm = Vue.createApp({
        data(){
            return {
                menulist : ['首页','课程','读书','社区','服务中心']//定义导航菜单数组
            }
        }
    }).mount('#app');
</script>
</body>
```

运行结果如图 3-8 所示。

图 3-8　输出网站导航菜单

3.2.3 数组更新检测

Vue.js 中包含一些检测数组更新的变异方法，调用这些方法可以改变原始数组，并触发视图更新。这些变异方法及其说明如表 3-1 所示。

数组更新检测

表 3-1　变异方法及其说明

方法	说明
push()	向数组的末尾添加一个或多个元素
pop()	将数组中的最后一个元素从数组中删除
shift()	将数组中的第一个元素从数组中删除
unshift()	向数组的开头添加一个或多个元素
splice()	添加或删除数组中的元素

方法	说明
sort()	对数组中的元素进行排序
reverse()	颠倒数组中元素的顺序

【例 3-6】 将 2023 年电影票房排行榜前十名的电影名称和票房定义在数组中，对数组元素按电影票房进行降序排列，将排序后的电影排名、电影名称和票房信息输出在页面中（实例位置：资源包\MR\源代码\第 3 章\3-6）。

实现代码如下。

```html
<div id="app">
    <div class="title">
        <div class="col-1">排名</div>
        <div class="col-2">电影名称</div>
        <div class="col-1">票房</div>
    </div>
    <div class="content" v-for="(value,index) in movie">
        <div class="col-1">{{index + 1}}</div>
        <div class="col-2">{{value.name}}</div>
        <div class="col-1">{{value.boxoffice}}亿</div>
    </div>
</div>
<script src="https://unpkg.com/vue@3"></script>
<script type="text/javascript">
const vm = Vue.createApp({
    data(){
        return {
            movie : [//定义影片信息数组
                { name : '八角笼中',boxoffice : 22.07 },
                { name : '封神第一部',boxoffice : 26.34 },
                { name : '熊出没·伴我"熊芯"',boxoffice : 14.95 },
                { name : '满江红',boxoffice : 45.44 },
                { name : '坚如磐石',boxoffice : 13.51 },
                { name : '消失的她',boxoffice : 35.23 },
                { name : '流浪地球2',boxoffice : 40.29 },
                { name : '人生路不熟',boxoffice : 11.84 },
                { name : '孤注一掷',boxoffice : 38.48 },
                { name : '长安三万里',boxoffice : 18.24 }
            ]
        }
    }
}).mount('#app');
//为数组重新排序
vm.movie.sort(function(a,b){
    var x = a.boxoffice;
    var y = b.boxoffice;
    return x < y ? 1 : -1;
});
</script>
```

运行结果如图 3-9 所示。

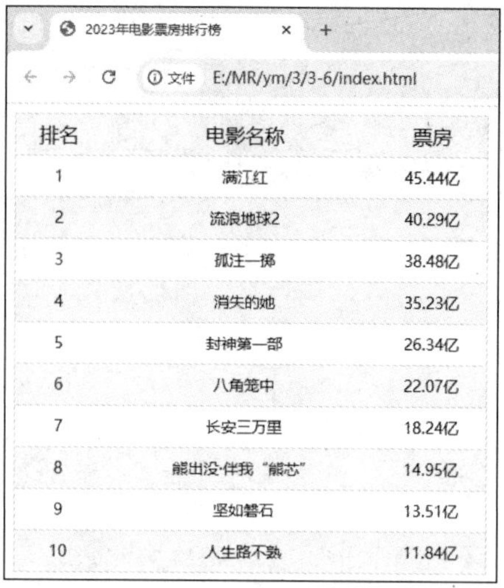

排名	电影名称	票房
1	满江红	45.44亿
2	流浪地球2	40.29亿
3	孤注一掷	38.48亿
4	消失的她	35.23亿
5	封神第一部	26.34亿
6	八角笼中	22.07亿
7	长安三万里	18.24亿
8	熊出没·伴我“熊芯”	14.95亿
9	坚如磐石	13.51亿
10	人生路不熟	11.84亿

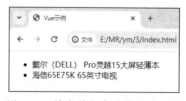

图 3-9　输出 2023 年电影票房排行榜

除了变异方法外，Vue.js 还包含几个非变异方法，如 filter()、concat()和 slice()方法。调用非变异方法不会改变原始数组，而是返回一个新的数组。当使用非变异方法时，可以用新的数组替换原来的数组。

例如，应用 slice()方法获取数组中第二个元素后的所有元素，代码如下。

```
<div id="app">
    <ul>
        <li v-for="item in items">{{item.name}}</li>
    </ul>
</div>
<script src="https://unpkg.com/vue@3"></script>
<script type="text/javascript">
    const vm = Vue.createApp({
        data(){
            return {
                items : [                                //定义商品数组
                    { name : 'OPPO Reno11 5G手机'},
                    { name : '戴尔（DELL） Pro灵越15大屏轻薄本'},
                    { name : '海信65E75K 65英寸电视'}
                ]
            }
        }
    }).mount('#app');
    vm.items = vm.items.slice(1);        //获取数组中第二个元素后的所有元素
</script>
```

运行结果如图 3-10 所示。

图 3-10　输出数组中的某部分元素

由于 JavaScript 的限制，Vue.js 不能检测到因修改数组长度引起的变化，例如 vm.items.length=2。为了解决这个问题，可以使用 splice()方法修改数组的长度。例如，将数组的长度修改为 2，代码如下。

```
<div id="app">
    <ul>
        <li v-for="item in items">{{item.name}}</li>
    </ul>
</div>
<script src="https://unpkg.com/vue@3"></script>
<script type="text/javascript">
    const vm = Vue.createApp({
        data(){
            return {
                items : [                                    //定义商品数组
                    { name : 'OPPO Reno11 5G 手机'},
                    { name : '戴尔（DELL）Pro 灵越 15 大屏轻薄本'},
                    { name : '海信 65E75K 65 英寸电视'}
                ]
            }
        }
    }).mount('#app');
    vm.items.splice(2);
</script>
```

运行结果如图 3-11 所示。

图 3-11　修改数组长度

3.2.4　应用 v-for 指令遍历对象

应用 v-for 指令遍历对象

应用 v-for 指令除了可以遍历数组之外，还可以遍历对象。遍历对象时使用 value in object 形式的语法，其中，object 为对象名称，value 为对象属性值的别名。

例如，应用 v-for 指令将<li>标签循环渲染，输出对象中存储的商品信息，代码如下。

```
<div id="app">
    <ul>
        <li v-for="value in goods">{{value}}</li>
    </ul>
</div>
<script src="https://unpkg.com/vue@3"></script>
<script type="text/javascript">
    const vm = Vue.createApp({
        data(){
            return{
                goods : {                                    //定义商品信息对象
```

```
                name : 'OPPO Reno11 AI 拍照手机',
                memory : '12GB+256GB',
                price : 2599
              }
            }
          }
    }).mount('#app');
</script>
```

运行结果如图 3-12 所示。

图 3-12 输出商品信息

在应用 v-for 指令遍历对象时，还可以使用第二个参数为对象属性名（键名）提供一个别名，语法格式为(value,key) in object。也可以使用第三个参数为对象提供索引，语法格式为(value, key,index) in object。

例如，应用 v-for 指令输出对象中的属性和相应的索引，代码如下。

```
<div id="app">
    <ul>
        <li v-for="(value,key,index) in goods">{{index}} - {{key}} : {{value}}</li>
    </ul>
</div>
<script src="https://unpkg.com/vue@3"></script>
<script type="text/javascript">
    const vm = Vue.createApp({
        data(){
            return{
                goods : {                          //定义商品信息对象
                    name : 'OPPO Reno11 AI 拍照手机',
                    memory : '12GB+256GB',
                    price : 2599
                }
            }
        }
    }).mount('#app');
</script>
```

运行结果如图 3-13 所示。

图 3-13 输出对象属性和索引

3.2.5 向对象中添加响应式属性

如果需要向对象中添加一个或多个响应式属性，可以使用 Object.assign() 方法。在使用该方法时，需要将源对象的属性和新添加的属性合并为一个新的对象。

例如，应用 Object.assign()方法向对象中添加两个新的属性，代码如下。

```html
<div id="app">
    <ul>
        <li v-for="(value,key,index) in goods">{{index}} - {{key}} : {{value}}</li>
    </ul>
</div>
<script src="https://unpkg.com/vue@3"></script>
<script type="text/javascript">
    const vm = Vue.createApp({
        data(){
            return {
                goods : {                              //定义商品信息对象
                    name : 'OPPO Reno11 AI 拍照手机',
                    memory : '12GB+256GB',
                    price : 2599
                }
            }
        }
    }).mount('#app');
    vm.goods = Object.assign({},vm.goods,{ //向对象中添加两个新属性
        color : '月光宝石',
        style : '时尚, 科技, 简约风'
    });
</script>
```

运行结果如图 3-14 所示。

图 3-14 输出添加属性后的对象信息

3.2.6 应用 v-for 指令遍历整数

v-for 指令也可用于遍历整数，接收的整数即循环次数，根据循环次数将模板重复整数次。

【例 3-7】 使用 v-for 指令输出九九乘法表（实例位置：资源包\MR\源代码\第 3 章\3-7）。

实现代码如下。

```
<style>
span{
color: green;
    fontSize: 20px;
    display:inline-block;
    width:80px;
    height:30px
}
</style>
<div id="app">
    <div v-for="n in 9">
        <span v-for="m in n">
            {{m}}*{{n}}={{m*n}}
        </span>
    </div>
</div>
<script src="https://unpkg.com/vue@3"></script>
<script type="text/javascript">
    const vm = Vue.createApp().mount('#app');
</script>
```

运行结果如图 3-15 所示。

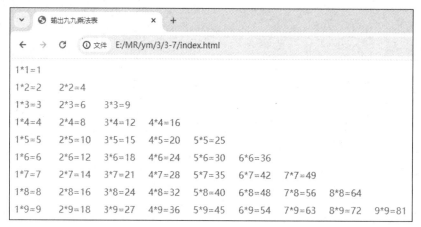

图 3-15　输出九九乘法表

3.3　AIGC 辅助编程——v-if 和 v-for 指令的应用

在使用 Vue.js 中的条件判断和列表渲染时，AIGC 工具可以提供有力的支持。下面介绍如何利用 AIGC 工具来辅助编程，以巩固本章所学的知识。

3.3.1　切换登录类型

在 AIGC 工具的输入框中输入 "Vue 3 使用条件判断指令切换登录类型"，AIGC 工具会自动生成实例的实现方法。

以下是一个使用 Options API 的简单示例，具体代码如下。

```
<div id="app">
  <h1>Login</h1>
  <div>
```

```
      <label for="loginType">Login Type:</label>
      <select id="loginType" v-model="loginType">
       <option value="user">User</option>
       <option value="admin">Admin</option>
      </select>
    </div>
    <div v-if="loginType === 'user'">
     <h2>User Login</h2>
     <input type="text" v-model="user.username" placeholder="Username">
     <input type="password" v-model="user.password" placeholder="Password">
     <button @click="submitUserLogin">Login</button>
    </div>
    <div v-else-if="loginType === 'admin'">
     <h2>Admin Login</h2>
     <input type="text" v-model="admin.username" placeholder="Admin Username">
     <input type="password" v-model="admin.password" placeholder="Admin Password">
     <button @click="submitAdminLogin">Login</button>
    </div>
   </div>
  </div>
  <script>
   const app = Vue.createApp({
    data() {
     return {
      loginType: 'user',          //默认登录类型
      user: {                     //用户登录信息对象
       username: '',
       password: ''
      },
      admin: {                    //管理员登录信息对象
       username: '',
       password: ''
      }
     };
    },
    methods: {
     submitUserLogin() {          //用户登录提交方法
      console.log('User Login:', this.user);
     },
     submitAdminLogin() {         //管理员登录提交方法
      console.log('Admin Login:', this.admin);
     }
    }
   });
   app.mount('#app');
  </script>
```

在上述代码中，使用 v-if 和 v-else-if 指令来根据 loginType 的值显示不同的登录表单。当用户选择的登录类型不同时，相应的表单会显示出来，并且可以通过单击登录按钮来触发相应的登录逻辑。

3.3.2　创建待办事项列表

在 AIGC 工具的输入框中输入"使用 Vue 3 的 v-for 指令创建待办事项列表"，AIGC 工具会自动生成实例的实现方法。

下面创建一个简单的待办事项列表，用户可以添加和删除待办事项，具体代码如下。

```
<div id="app">
  <h1>Todo List</h1>
  <input type="text" v-model="newTodo" placeholder="Add a new todo">
  <button @click="addTodo">Add</button>
  <ul class="todo-list">
    <li v-for="(todo, index) in todos" :key="index" class="todo-item">
      <span>{{ todo }}</span>
      <button @click="removeTodo(index)">Remove</button>
    </li>
  </ul>
</div>
<script>
  const app = Vue.createApp({
    data() {
      return {
        newTodo: '',
        todos: []
      };
    },
    methods: {
      addTodo() {
        if (this.newTodo.trim() !== '') {
          this.todos.push(this.newTodo.trim());
          this.newTodo = '';            //清空输入框
        }
      },
      removeTodo(index) {
        this.todos.splice(index, 1);    //从数组中移除指定索引的元素
      }
    }
  });
  app.mount('#app');
</script>
```

在上述代码中，使用 v-for 指令遍历 todos 数组，并为每个待办事项渲染一个列表项（<li>）。每个列表项都包含一个显示待办事项的<span>和一个用于删除该待办事项的按钮。按钮的 @click 事件绑定到 removeTodo()方法，并传递当前待办事项的索引作为参数。

小结

本章主要介绍了 Vue.js 中实现条件判断和列表渲染的相关指令。可根据条件判断的指令来控制 DOM 元素的显示或隐藏，根据列表渲染的指令 v-for 对数组、对象或整数进行遍历并输出。

上机指导

在页面中输出某学生的考试成绩表，包括第一学期和第二学期各学科分数及总分。程序运行效果如图 3-16 所示（实例位置：资源包\MR\上机指导\第 3 章\ ）。

图 3-16 输出成绩表

开发步骤如下。

（1）创建 HTML 文件，在文件中使用 CDN 方式引入 Vue.js，代码如下。

```
<script src="https://unpkg.com/vue@3"></script>
```

（2）定义<div>元素，并设置其 id 属性值为 app，在该元素中定义多个元素，使用双花括号标签进行数据绑定，再使用 v-for 指令进行列表渲染，代码如下。

```
<div id="app">
    <h2>成绩表</h2>
    <label>姓名: </label><span>{{name}}</span>
    <label>性别: </label><span>{{sex}}</span>
    <label>年龄: </label><span>{{age}}</span>
    <div class="report">
        <div class="title">
            <div>学期</div>
            <div>语文</div>
            <div>数学</div>
            <div>外语</div>
            <div>物理</div>
            <div>化学</div>
            <div>总分</div>
        </div>
        <div class="content" v-for="(grade,index) in grades">
            <div>{{grade.term}}</div>
            <div v-for="score in grade.scores">
                <div>{{score}}</div>
            </div>
            <div>{{total(index)}}</div>
        </div>
    </div>
</div>
```

（3）创建应用程序实例，在实例中分别定义数据和方法，在 data 选项中定义学生的姓名、性别、年龄和考试成绩数组，在 methods 选项中定义用于计算总分的 total()方法，代码如下。

```
<script type="text/javascript">
    const vm = Vue.createApp({
        data(){
            return {
                name : '张大',//姓名
                sex : '男',//性别
                age : 18,//年龄
```

```
            grades : [{//考试成绩数组
                term : '第一学期',
                scores : {
                    chinese : 91,
                    math : 95,
                    english : 92,
                    physics : 98,
                    chemistry : 96
                }
            },{
                term : '第二学期',
                scores : {
                    chinese : 90,
                    math : 98,
                    english : 97,
                    physics : 96,
                    chemistry : 95
                }
            }]
        }
    },
    methods : {
        total : function(index){
            var total = 0;//定义总分
            var obj = this.grades[index].scores;//获取分数对象
            for(var i in obj){
                total += obj[i];
            }
            return total;//返回总分
        }
    }
}).mount('#app');
</script>
```

习题

3-1　v-if 指令和 v-show 指令在使用上有什么不同？

3-2　向对象中添加响应式属性可以使用哪种方法？

3-3　指出 Vue.js 中变异方法和非变异方法的不同。

3-4　应用 v-for 指令可以遍历哪些类型的数据？

第4章 计算属性与监听属性

本章要点

- [ ] 什么是计算属性
- [ ] 计算属性的缓存
- [ ] 计算属性的 getter 和 setter
- [ ] 监听属性

在模板中绑定的表达式通常用于实现简单的运算。如果在模板的表达式中应用过多的业务逻辑会使模板负担过重并且难以维护。因此，为了保证模板的结构清晰，比较复杂的逻辑可以使用 Vue.js 提供的计算属性。另外，如果需要监测和响应数据的变化，还可以使用 Vue.js 提供的监听属性。本章主要介绍 Vue.js 的计算属性和监听属性。

4.1 计算属性

4.1.1 什么是计算属性

计算属性是一种依赖响应式数据进行动态计算并缓存的属性。计算属性通常用于执行一些复杂的数据处理或计算，并将这些结果绑定到模板中。与在模板中直接编写复杂表达式相比，使用计算属性可以使代码更加清晰和易于维护。

什么是计算属性

计算属性需要定义在 computed 选项中。当计算属性依赖的数据发生变化时，这个属性的值会自动更新，所有依赖该属性的数据绑定也会同步进行更新。

在一个计算属性里可以实现各种复杂的逻辑，包括运算、函数调用等。示例代码如下。

```html
<div id="app">
    <p>摄氏度：{{celsius}}° C</p>
    <p>华氏度：{{fahrenheit}}° F</p>
</div>
<script src="https://unpkg.com/vue@3"></script>
<script type="text/javascript">
    const vm = Vue.createApp({
        data(){
            return {
                celsius : 20
            }
        },
        computed : {
            fahrenheit(){
                return (this.celsius * 9 / 5) + 32; // 摄氏度转换为华氏度
```

```
            }
        }
    }).mount('#app');
</script>
```

运行结果如图 4-1 所示。

上述代码中定义了一个计算属性 fahrenheit，并在模板中绑定了
该计算属性。fahrenheit 属性的值依赖于 celsius 属性的值。当 celsius
属性的值发生变化时，fahrenheit 属性的值也会自动更新。

除了上述简单的用法，计算属性还可以依赖应用程序实例中的
多个数据，只要其中任意数据发生变化，计算属性就会随之变化，
视图也会随之更新。

图 4-1　输出摄氏度和华氏度

【例 4-1】　应用计算属性计算购物车中的商品的总价（实例位置：资源包\MR\源代码\第 4
章\4-1）。

实现代码如下。

```
<div id="app">
    <div class="title">
        <div>商品名称</div>
        <div>单价</div>
        <div>数量</div>
        <div>金额</div>
    </div>
    <div class="content" v-for="value in shop">
        <div>{{value.name}}</div>
        <div>{{value.price.toFixed(2)}}</div>
        <div>{{value.count}}</div>
        <div>{{(value.price*value.count).toFixed(2)}}</div>
    </div>
    <p>合计：¥{{totalprice.toFixed(2)}}</p>
</div>
<script src="https://unpkg.com/vue@3"></script>
<script type="text/javascript">
const vm = Vue.createApp({
    data(){
        return {
            shop : [{//定义商品信息数组
                name : 'OPPO Reno11',
                price : 2599,
                count : 2
            },{
                name : '华为 Mate60',
                price : 7299,
                count : 3
            }]
        }
    },
    computed : {
        totalprice : function(){
            var total = 0;
            this.shop.forEach(function(s){
                total += s.price * s.count;//计算商品总价
            });
            return total;
```

```
        }
    }
})).mount('#app');
</script>
```

运行结果如图 4-2 所示。

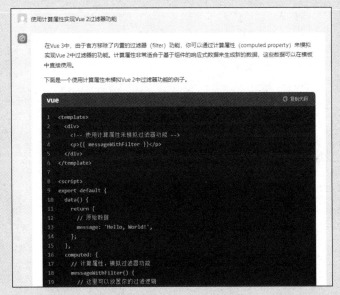

图 4-2　输出商品总价

📖 **说明**：在 Vue.js 中，计算属性的应用非常广泛。使用计算属性可以实现 Vue 2 中内置的过滤器（Vue 3 中已经移除了内置的过滤器）的功能。感兴趣的读者可以使用 AIGC 工具进行辅助学习。例如，使用百度的文心一言（或者其他企业的大模型工具），输入"使用计算属性实现 Vue 2 过滤器功能"并发送，其会自动提供相应的说明内容，如图 4-3 所示。

图 4-3　使用 AIGC 工具辅助学习

4.1.2　getter 和 setter

每一个计算属性都包含一个 getter 和一个 setter。当没有指明方法时，默认使用 getter 来读取数据，为计算属性提供的函数将默认作为计算属性的 getter。例如，将定义的计算属性修改为使用 getter 的形式，代码如下。

getter 和 setter

```
<div id="app">
    <span>{{fullname}}</span>
</div>
```

```
<script src="https://unpkg.com/vue@3"></script>
<script type="text/javascript">
    const vm = Vue.createApp({
        data(){
            return {
                surname : '陈',
                lastname : '小洛'
            }
        },
        computed : {
            fullname : function(){
                return this.surname + this.lastname;        //连接字符串
            }
        }
    }).mount('#app');
</script>
```

运行结果如图 4-4 所示。

图 4-4　输出人物姓名

除了 getter，还可以设置计算属性的 setter。getter 用来执行读取值的操作，而 setter 用来执行设置值的操作。当手动更新计算属性的值时，就会触发 setter，执行一些自定义的操作。示例代码如下。

```
<div id="app">
    <span>{{fullname}}</span>
</div>
<script src="https://unpkg.com/vue@3"></script>
<script type="text/javascript">
    const vm = Vue.createApp({
        data(){
            return {
                surname : '陈',
                lastname : '小洛'
            }
        },
        computed : {
            fullname : {
                //getter
                get(){
                    return this.surname + this.lastname;        //连接字符串
                },
                //setter
                set(value){
                    this.surname = value.slice(0,1);
                    this.lastname = value.slice(1);;
                }
            }
        }
    }).mount('#app');
    vm.fullname = '袁小志';
</script>
```

运行结果如图 4-5 所示。

上述代码中定义了一个计算属性 fullname，在为其重新赋值时，Vue.js 会自动调用 setter，并将新值作为参数传递给 set()方法，surname

图 4-5　输出更新后的值

属性和 lastname 属性的值会相应更新，模板中绑定的 fullname 属性的值也会随之更新。如果在未设置 setter 的情况下为计算属性重新赋值，则不会触发模板更新。

计算属性缓存

4.1.3　计算属性缓存

由上面的示例可以发现，除了使用计算属性外，在表达式中调用方法也可以实现同样的效果。使用方法实现同样效果的示例代码如下。

```
<div id="app">
    <span>{{fullname()}}</span>
</div>
<script src="https://unpkg.com/vue@3"></script>
<script type="text/javascript">
    const vm = Vue.createApp({
        data(){
            return {
                surname : '陈',
                lastname : '小洛'
            }
        },
        methods : {
            fullname : function(){
                return this.surname + '·' + this.lastname;       //连接字符串
            }
        }
    }).mount('#app');
</script>
```

将相同的操作定义为一个方法或一个计算属性，得到的结果完全相同。然而，不同的是计算属性是基于它们的依赖进行缓存的。使用计算属性时，每次获取的值都是基于依赖的缓存值。当页面重新渲染时，如果依赖的数据未发生改变，使用计算属性获取的值就一直是缓存值。只有依赖的数据发生改变时才会重新获取值。如果使用的是方法，在页面重新渲染时，方法中的函数总会被重新调用。

下面通过一个示例来说明计算属性的缓存，代码如下。

```
<div id="app">
    <input v-model="message">
    <p>{{message}}</p>
    <p>{{getNowTimeC}}</p>
    <p>{{getNowTimeM()}}</p>
</div>
<script src="https://unpkg.com/vue@3"></script>
<script type="text/javascript">
    const vm = Vue.createApp({
        data(){
            return {
                message : '',
                text1 : '通过计算属性获取的当前时间：',
                text2 : '通过方法获取的当前时间：'
            }
        },
        computed: {
        getNowTimeC: function () {
            var hour = new Date().getHours();
```

```
                    var minute = new Date().getMinutes();
                    var second = new Date().getSeconds();
                    return this.text1 + hour + ":" + minute + ":" + second;
                }
            },
            methods: {
            getNowTimeM: function () {          //获取当前时间
                    var hour = new Date().getHours();
                    var minute = new Date().getMinutes();
                    var second = new Date().getSeconds();
                    return this.text2 + hour + ":" + minute + ":" + second;
                }
            }
        }).mount('#app');
</script>
```

运行上述代码，页面中会输出一个文本框，以及分别通过计算属性和方法获取的当前时间，结果如图 4-6 所示。在文本框中输入内容后，页面重新进行渲染，这时通过计算属性获取的当前时间是缓存时间，而通过方法获取的当前时间是最新的时间，结果如图 4-7 所示。

在该示例中，getNowTimeC 计算属性依赖于 text1 属性。当页面重新渲染时，只要 text1 属性未发生改变，getNowTimeC 计算属性就会立即返回之前的计算结果，因此会输出缓存时间。而在页面重新渲染时，每次调用 getNowTimeM()方法总是会再次执行函数，因此会输出最新的时间。

图 4-6 输出当前时间

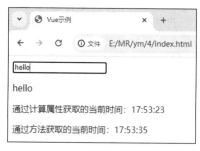

图 4-7 输出缓存时间和最新时间

> 📖 说明：v-model 指令用来在表单元素上创建双向的数据绑定，关于该指令的详细介绍可参考第 7 章。

4.2 监听属性

4.2.1 什么是监听属性

监听属性是 Vue.js 提供的一种用来监听和响应数据变化的方式。在监听数据对象中的属性时，每当监听的属性发生变化时都会执行特定的操作。监听属性可以定义在 watch 选项中。监听属性对应的函数可以接收一个或两个参数。如果只有一个参数，则该参数表示监听属性的新值；如果有两个参数，第一个参数表示监听属性的新值，第二个参数表示监听属性的旧值。

什么是监听属性

【例 4-2】 应用监听属性实现小时数和分钟数之间的换算（实例位置：资源包\MR\源代码\第 4 章\4-2）。

实现代码如下。

```
<div id="app">
    <label for="hour">小时数: </label>
    <input id="hour" type="number" v-model="hour"><p>
    <label for="minute">分钟数: </label>
    <input id="minute" type="number" v-model="minute"><p>
    {{hour}}小时={{minute}}分钟
</div>
<script src="https://unpkg.com/vue@3"></script>
<script type="text/javascript">
    const vm = Vue.createApp({
    data(){
        return {
            hour : 0,
            minute : 0
        }
    },
    watch : {
        hour : function(val){
            this.minute = val * 60;//获取分钟数
        },
        minute : function(val){
            this.hour = val / 60;//获取小时数
        }
    }
}).mount('#app');
</script>
```

运行结果如图 4-8 所示。

图 4-8　时间换算

4.2.2　deep 选项

如果要监听的属性值是一个对象，为了监听对象内部值的变化，可以在选项参数中设置 deep 选项的值为 true。示例代码如下。

deep 选项

```
<div id="app"></div>
<script src="https://unpkg.com/vue@3"></script>
<script type="text/javascript">
    const vm = Vue.createApp({
```

```
            data(){
                return {
                    info : {
                        name : 'Kelly',                //员工姓名
                        position : '一二线运维',          //员工职位
                        year : 15                       //工作年限
                    }
                }
            },
            watch : {
                info : {
                    handler : function(val){
                        alert('员工姓名: ' + val.name + "\n 新职位: " + val.position + "\n
工作年限: " + val.year);
                    },
                    deep : true
                }
            }
        }).mount('#app');
        vm.info.position = '项目经理';          //修改对象中的属性值
</script>
```

运行结果如图 4-9 所示。

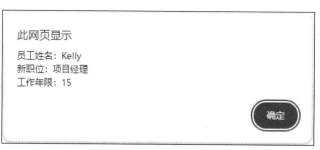

图 4-9　输出员工信息

⚠ **注意**：当监听的是一个数组或者对象时，回调函数中的新值和旧值是相等的，因为这两个形参指向的是同一个数据对象。

4.3 AIGC 辅助编程——简单计数器和长度单位换算的实现

在使用 Vue.js 中的计算属性和监听属性时，AIGC 工具可以提供有力的支持。下面介绍如何利用 AIGC 工具实现简单计数器和长度单位换算，以巩固本章所学的知识。

4.3.1　实现简单计数器

在 AIGC 工具的输入框中输入"使用 Vue 3 的计算属性实现简单的计数器"，AIGC 工具会自动生成实例的实现方法。

> 以下是一个简单的例子，它展示如何使用 Vue 3 的计算属性（在选项式 API 中）来实现一个简单的计数器。具体代码如下。

```
<div id="app">
    <h1>计数器: {{ count }}</h1>
    <button @click="increment">增加</button>
    <button @click="decrement">减少</button>
    <p>计算后的值: {{ computedCount }}</p>
</div>
<script>
    const app = Vue.createApp({
        data() {
            return {
                count: 0,                //计数器的初始值
            };
        },
        computed: {
            computedCount() {
             //返回 count 的值, count 的值是偶数则返回其本身, 否则返回字符串'当前是奇数'
                return this.count % 2 === 0 ? this.count : '当前是奇数';
            },
        },
        methods: {
            increment() {
                this.count++;            //将 count 的值增加 1
            },
            decrement() {
                this.count--;            //将 count 的值减少 1
            },
        },
    });
    app.mount('#app');
</script>
```

这个例子使用 Vue 3 的选项式 API 来定义一个简单的计数器组件。在 data()函数中定义了响应式数据 count, 在 computed 对象中定义了计算属性 computedCount, 该属性基于 count 的值进行计算。还在 methods 对象中定义了 increment()和 decrement()方法, 用于增加和减少计数器的值。最后, 利用 app.mount('#app')将 Vue 应用挂载到 HTML 中的#app 元素上。

4.3.2 实现长度单位换算

在 AIGC 工具的输入框中输入"使用 Vue 3 的监听属性实现长度单位换算", AIGC 工具会自动生成实例的实现方法。

在 Vue 3 中, 使用监听属性(watchers)来实现长度单位换算是一种有效的方法。以下是一个完整的例子, 它展示如何使用 Vue 3 的选项式 API(Options API)和监听属性来实现长度单位的换算。具体代码如下。

```
<div id="app">
    <h1>长度单位换算</h1>
    <label for="pixelInput">像素值:</label>
    <input type="number" id="pixelInput" v-model.number="pixelValue">
    <p>转换为英寸: {{ inchValue.toFixed(2) }} 英寸</p>
    <p>转换为厘米: {{ centimeterValue.toFixed(2) }} 厘米</p>
```

```
    </div>
    <script>
        const app = Vue.createApp({
            data() {
                return {
                    pixelValue: 0,                         //像素值
                    inchValue: 0,                          //英寸值
                    centimeterValue: 0,                    //厘米值
                };
            },
            watch: {
                pixelValue(newValue) {
                    const PIXELS_PER_INCH = 96;            //定义每英寸包含的像素数
                    //根据每英寸包含的像素数，计算每厘米包含的像素数
                    const PIXELS_PER_CENTIMETER = PIXELS_PER_INCH / 2.54;
                    //根据新的像素值计算英寸值
                    this.inchValue = newValue / PIXELS_PER_INCH;
                    //根据新的像素值计算厘米值
                    this.centimeterValue = newValue / PIXELS_PER_CENTIMETER;
                },
            }
        });
        app.mount('#app');
    </script>
```

这个例子使用 Vue 3 的选项式 API 来定义一个组件。在 data()函数中定义了 3 个响应式数据属性：pixelValue、inchValue 和 centimeterValue。然后，在 watch 对象中监听了 pixelValue 的变化，并在其变化时更新了 inchValue 和 centimeterValue。

小结

本章主要介绍了 Vue.js 的计算属性和监听属性。计算属性在大多数情况下更常用，但有时也需要对某个属性进行监听。当需要在数据变化响应时执行异步请求或开销较大的操作时，使用监听属性的方式是很有用的。

上机指导

在页面中输出某公司 3 名员工的工资表，包括姓名、月度收入、专项扣除、个税、工资等信息。程序运行效果如图 4-10 所示（实例位置：资源包\MR\上机指导\第 4 章\）。

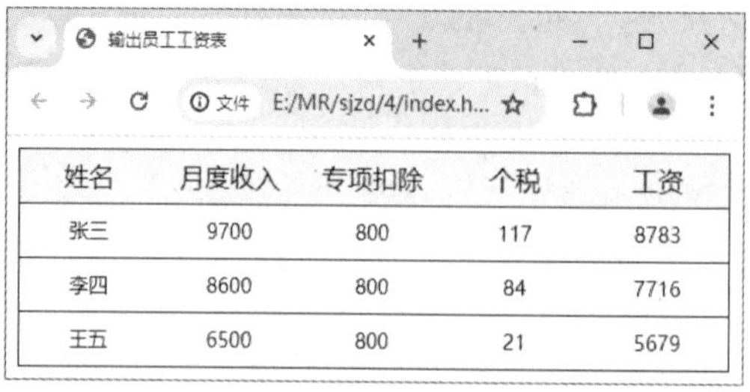

图 4-10　输出员工工资表

开发步骤如下。

（1）创建 HTML 文件，在文件中使用 CDN 方式引入 Vue.js，代码如下。

```
<script src="https://unpkg.com/vue@3"></script>
```

（2）定义<div>元素，并设置其 id 属性值为 app，在该元素中定义两个<div>元素，第一个<div>元素作为员工工资表的标题，在第二个<div>元素中应用双花括号标签进行数据绑定，并应用 v-for 指令进行列表渲染，代码如下。

```
<div id="app">
    <div class="title">
        <div>姓名</div>
        <div>月度收入</div>
        <div>专项扣除</div>
        <div>个税</div>
        <div>工资</div>
    </div>
    <div class="content" v-for="(value,index) in staff">
        <div>{{value.name}}</div>
        <div>{{value.income}}</div>
        <div>{{insurance}}</div>
        <div>{{wages[index]}}</div>
        <div>{{value.income-insurance-wages[index]}}</div>
    </div>
</div>
```

（3）创建应用程序实例，在实例中分别定义数据和计算属性，在 data 选项中定义员工的专项扣除费用、个税起征点、税率和员工数组，在 computed 选项中定义计算属性 wages 及其对应的函数。代码如下。

```
<script type="text/javascript">
    const vm = Vue.createApp({
        data(){
            return {
                insurance : 800,//专项扣除费用
                threshold : 5000,//个税起征点
                tax : 0.03,//税率
                staff : [{//员工数组
                    name : '张三',
                    income : 9700,
                },{
                    name : '李四',
                    income : 8600,
                },{
                    name : '王五',
                    income : 6500,
                }]
            }
        },
        computed : {
            wages : function(){
                var t = this;
```

```
                    var taxArr = [];
                    this.staff.forEach(function(s){
                        taxArr.push((s.income-t.threshold-t.insurance)*t.tax);
                    });
                    return taxArr;//个税数组
                }
            }
        })).mount('#app');
</script>
```

习题

4-1　计算属性有什么作用?

4-2　简述计算属性和方法之间的区别。

4-3　对属性进行监听可以使用哪两种方式?

第5章 样式绑定

本章要点

- ❑ class 属性绑定的对象语法
- ❑ 内联样式绑定的对象语法
- ❑ class 属性绑定的数组语法
- ❑ 内联样式绑定的数组语法

HTML 通过 class 属性和 style 属性都可以定义 DOM 元素的样式。对元素样式的绑定实际上就是对元素的 class 属性和 style 属性进行操作，class 属性用于定义元素的类名列表，style 属性用于定义元素的内联样式。使用 v-bind 指令可以对这两个属性进行数据绑定，相比 HTML，Vue.js 为这两个属性做了增强处理。表达式的结果类型除了字符串之外，还可以是对象或数组。本章主要介绍 Vue.js 中的样式绑定，包括 class 属性绑定和内联样式绑定。

5.1 class 属性绑定

在样式绑定中，需要对元素的 class 属性进行绑定，绑定的数据可以是对象或数组。下面分别介绍绑定这两种数据的语法。

5.1.1 对象语法

在应用 v-bind 指令对元素的 class 属性进行绑定时，可以将绑定的数据设置为一个对象，从而动态地切换元素的 class 属性。将元素的 class 属性绑定为对象主要有以下 3 种形式。

对象语法

1. 内联绑定

内联绑定即将元素的 class 属性直接绑定为对象，格式如下。

```
<div v-bind:class="{active : isActive}"></div>
```

上述代码中，active 是元素的类名，isActive 是数据对象中的属性，它是一个布尔值。如果该值为 true，则表示元素使用类名为 active 的样式，否则就不使用。

【例 5-1】 在手机列表中，为手机名称"vivo S18"和"小米 14"添加颜色（实例位置：资源包\MR\源代码\第 5 章\5-1）。

实现代码如下。

```
<style>
body{
    font-family:微软雅黑;/*设置字体*/
}
```

```css
.item{
    width:350px;/*设置宽度*/
    height:100px;/*设置高度*/
    line-height:100px;/*设置行高*/
    border-bottom:1px solid #999999;/*设置下边框样式*/
}
.item img{
    width:100px;/*设置宽度*/
    float:left;/*设置向左浮动*/
}
.active{
    font-weight: bolder;/*设置字体粗细*/
    color:#FF0000;/*设置文字颜色*/
}
</style>
<div id="app">
    <div>
        <div class="item" v-for="book in books">
            <img v-bind:src="book.image">
            <span v-bind:class="{active : book.active}">{{book.title}}</span>
        </div>
    </div>
</div>
<script src="https://unpkg.com/vue@3"></script>
<script type="text/javascript">
    const vm = Vue.createApp({
        data(){
            return {
                books : [{//定义手机信息数组
                    title : 'OPPO Reno11',
                    image : 'images/OPPO Reno11.png',
                    active : false
                },{
                    title : 'vivo S18',
                    image : 'images/vivo S18.png',
                    active : true
                },{
                    title : '华为 Mate60',
                    image : 'images/华为 Mate60.png',
                    active : false
                },{
                    title : '小米 14',
                    image : 'images/小米 14.png',
                    active : true
                }]
            }
        }
    }).mount('#app');
</script>
```

运行结果如图 5-1 所示。

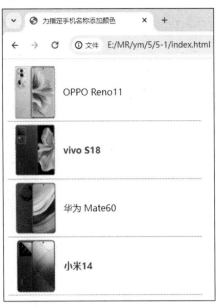

图 5-1　为指定手机名称添加颜色

在对象中可以传入多个属性来动态切换元素的多个 class 属性。另外，v-bind:class 也可以和普通的 class 属性共存。示例代码如下。

```
<style>
    .bold{
        font-weight: bold;                          /*设置字体粗细*/
    }
    .shadow{
        text-shadow: 2px 2px 3px #FF0000;           /*设置文字阴影*/
    }
    .default{
        font-size: 26px;                            /*设置文字大小*/
        color: red;                                 /*设置文字颜色*/
        letter-spacing: 5px;                        /*设置文字间距*/
    }
</style>
<div id="app">
    <div class="default" v-bind:class="{bold : isBold,shadow : isShadow}">一寸光阴一寸金</div>
</div>
<script src="https://unpkg.com/vue@3"></script>
<script type="text/javascript">
    const vm = Vue.createApp({
        data(){
            return{
                isBold : true,                      //使用bold类
                isShadow : true                     //使用shadow类
            }
        }
    }).mount('#app');
</script>
```

运行结果如图 5-2 所示。

图 5-2 为元素设置多个 class

上述代码中，由于 isBold 和 isShadow 属性的值都为 true，因此结果渲染如下。

```
<div class="default bold shadow">一寸光阴一寸金</div>
```

当 isBold 或者 isShadow 的属性值发生变化时，元素的 class 列表也会进行相应更新。例如，将 isBold 属性值设置为 false，则元素的 class 列表将变为"default shadow "。

2．非内联绑定

非内联绑定即将元素的 class 属性绑定的对象定义在 data 选项中。例如，将上一个示例中绑定的对象定义在 data 选项中的代码如下。

```
<style>
    .bold{
        font-weight: bold;                              /*设置字体粗细*/
    }
    .shadow{
        text-shadow: 2px 2px 3px #FF0000;               /*设置文字阴影*/
    }
    .default{
        font-size: 26px;                                /*设置文字大小*/
        color: red;                                     /*设置文字颜色*/
        letter-spacing: 5px;                            /*设置文字间距*/
    }
</style>
<div id="app">
    <div class="default" v-bind:class="classObject">一寸光阴一寸金</div>
</div>
<script src="https://unpkg.com/vue@3"></script>
<script type="text/javascript">
    const vm = Vue.createApp({
        data(){
            return {
                classObject : {
                    bold : true,                        //使用 bold 类
                    shadow : true                       //使用 shadow 类
                }
            }
        }
    }).mount('#app');
</script>
```

运行结果同样如图 5-2 所示。

3．使用计算属性返回样式对象

可以为元素的 class 属性绑定一个返回对象的计算属性。这是一种常用且强大的模式。例如，

将上一个示例中的 class 属性绑定为一个计算属性的代码如下。

```
<style>
    .bold{
        font-weight: bold;                              /*设置字体粗细*/
    }
    .shadow{
        text-shadow: 2px 2px 3px #FF0000;               /*设置文字阴影*/
    }
    .default{
        font-size: 26px;                                /*设置文字大小*/
        color: red;                                     /*设置文字颜色*/
        letter-spacing: 5px;                            /*设置文字间距*/
    }
</style>
<div id="app">
    <div class="default" v-bind:class="setStyle">一寸光阴一寸金</div>
</div>
<script src="https://unpkg.com/vue@3"></script>
<script type="text/javascript">
    const vm = Vue.createApp({
        data(){
            return {
                isBold : true,                          //使用bold类
                isShadow : true                         //使用shadow类
            }
        },
        computed : {
            setStyle(){
                return {
                    bold : this.isBold,
                    shadow : this.isShadow
                }
            }
        }
    }).mount('#app');
</script>
```

运行结果同样如图 5-2 所示。

5.1.2 数组语法

在对元素的 class 属性进行绑定时，可以把一个数组传给 v-bind:class，以应用一个 class 列表。将元素的 class 属性绑定为数组同样有以下 3 种形式。

1．普通形式

将元素的 class 属性直接绑定为一个数组，格式如下。

```
<div v-bind:class="[element1, element2]"></div>
```

上述代码中，element1 和 element2 为数据对象中的属性，它们的值为 class 列表中的类名。

例如，应用数组的形式为<div>元素绑定 class 属性，为文字设置大小、颜色和阴影效果，代码如下。

```
<style>
```

```
    .size{
        font-size: 30px;                                /*设置文字大小*/
    }
    .color{
        color: #FF00FF;                                 /*设置文字颜色*/
    }
    .shadow{
        text-shadow: 2px 2px 2px #999999;               /*设置文字阴影*/
    }
</style>
<div id="app">
    <div v-bind:class="[sizeClass,colorClass,shadowClass]">时间是伟大的导师</div>
</div>
<script src="https://unpkg.com/vue@3"></script>
<script type="text/javascript">
    const vm = Vue.createApp({
        data(){
            return {
                sizeClass : 'size',
                colorClass : 'color',
                shadowClass : 'shadow'
            }
        }
    }).mount('#app');
</script>
```

运行结果如图 5-3 所示。

图 5-3　为文字设置大小、颜色和阴影效果

2．在数组中使用条件运算符

在使用数组形式绑定元素的 class 属性时，可以使用条件运算符构成的表达式来切换列表中的 class。示例代码如下。

```
<style>
    .size{
        font-size: 30px;                                /*设置文字大小*/
    }
    .color{
        color: #FF00FF;                                 /*设置文字颜色*/
    }
    .shadow{
        text-shadow: 2px 2px 2px #999999;               /*设置文字阴影*/
    }
</style>
<div id="app">
    <div v-bind:class="[sizeClass,isColor ? 'color' : '',shadowClass]">时间是伟大的导师</div>
</div>
```

```
<script src="https://unpkg.com/vue@3"></script>
<script type="text/javascript">
    const vm = Vue.createApp({
        data(){
            return {
                sizeClass : 'size',
                isColor : true,
                shadowClass : 'shadow'
            }
        }
    }).mount('#app');
</script>
```

上述代码中，sizeClass 属性和 shadowClass 属性对应的类是始终被添加的，而只有当 isColor 为 true 时才会添加 color 类。因此，运行结果同样如图 5-3 所示。

3．在数组中使用对象

在数组中使用条件运算符可以实现切换元素列表中的 class。但是，如果使用多个条件运算符，对应的代码就比较烦琐。这时，可以在数组中使用对象来更新 class 列表。

例如，将上一个示例中应用的条件运算符表达式更改为对象的代码如下。

```
<style>
    .size{
        font-size: 30px;                        /*设置文字大小*/
    }
    .color{
        color: #FF00FF;                         /*设置文字颜色*/
    }
    .shadow{
        text-shadow: 2px 2px 2px #999999;       /*设置文字阴影*/
    }
</style>
<div id="app">
    <div v-bind:class="[sizeClass,{color : isColor},shadowClass]">时间是伟大的导师</div>
</div>
<script src="https://unpkg.com/vue@3"></script>
<script type="text/javascript">
    const vm = Vue.createApp({
        data(){
            return {
                sizeClass : 'size',
                isColor : true,
                shadowClass : 'shadow'
            }
        }
    }).mount('#app');
</script>
```

运行结果同样如图 5-3 所示。

5.2 内联样式绑定

在样式绑定中，除了对元素的 class 属性进行绑定之外，还可以对元素的 style 属性进行内联样式绑定，绑定的数据可以是对象或数组。下面分别介绍绑定这两种数据的语法。

5.2.1　对象语法

对元素的 style 属性进行绑定，可以将绑定的数据设置为一个对象。这种对象语法看起来比较直观。对象中的 CSS 属性名可以用小驼峰式（camelCase）或短横线分隔式（kebab-case，需用单引号引起来）命名。将元素的 style 属性绑定为对象主要有以下 3 种形式。

对象语法

1．内联绑定

内联绑定是指将元素的 style 属性直接绑定为对象。例如，应用对象的形式为 `<div>` 元素绑定 style 属性，设置字体粗细和文字阴影、大小，代码如下。

```
<div id="app">
    <div v-bind:style="{fontWeight : weight, textShadow : shadow, 'font-size' : size +
'px'}">相信是成功的起点</div>
</div>
<script src="https://unpkg.com/vue@3"></script>
<script type="text/javascript">
    const vm = Vue.createApp({
        data(){
            return {
                weight : 'bold',                         //字体粗细
                shadow : '2px 2px 1px #666',             //文字阴影
                size : 26                                //文字大小
            }
        }
    }).mount('#app');
</script>
```

运行结果如图 5-4 所示。

图 5-4　设置字体粗细和文字阴影、大小

2．非内联绑定

非内联绑定是指将元素的 style 属性绑定的对象直接定义在 data 选项中，这样会让模板更清晰。

【例 5-2】　为电子商城中的搜索框绑定样式，将绑定的样式对象定义在 data 选项中（实例位置：资源包\MR\源代码\第 5 章\5-2）。

实现代码如下。

```
<div id="app">
    <div>
        <form v-bind:style="form">
            <input v-bind:style="input" type="text" placeholder="请输入搜索内容">
```

```
                <input v-bind:style="button" type="submit" value="搜索">
        </form>
    </div>
</div>
<script src="https://unpkg.com/vue@3"></script>
<script type="text/javascript">
    const vm = Vue.createApp({
        data(){
            return {
                form : {//表单样式
                    border: '2px solid #6666FF',
                    'max-width': '500px'
                },
                input : {//文本框样式
                    'padding-left': '5px',
                    height: '50px',
                    width: '76%',
                    outline: 'none',
                    'font-size': '16px',
                    border: 'none'
                },
                button : {//按钮样式
                    height: '50px',
                    width: '22%',
                    float: 'right',
                    background: '#6666FF',
                    color: '#F6F6F6',
                    'font-size': '18px',
                    cursor: 'pointer',
                    border: 'none'
                }
            }
        }
    }).mount('#app');
</script>
```

运行结果如图 5-5 所示。

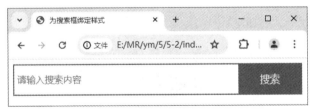

图 5-5　为搜索框绑定样式

3．使用计算属性返回样式对象

内联样式绑定的对象语法常常结合返回对象的计算属性使用。例如，将"内联绑定"示例中的 style 属性绑定为一个计算属性的代码如下。

```
<div id="app">
    <div v-bind:style="setStyle">相信是成功的起点</div>
</div>
<script src="https://unpkg.com/vue@3"></script>
<script type="text/javascript">
    const vm = Vue.createApp({
```

```
            data(){
                return {
                    weight : 'bold',                                          //字体粗细
                    shadow : '2px 2px 1px #666',                              //文字阴影
                    size : 26                                                 //文字大小
                }
            },
            computed : {
                setStyle(){
                    return {
                        fontWeight : this.weight,
                        textShadow : this.shadow,
                        'font-size' : this.size + 'px'
                    }
                }
            }
    }).mount('#app');
</script>
```

运行结果同样如图 5-4 所示。

5.2.2 数组语法

数组语法

在对元素的 style 属性进行绑定时，可以使用数组将多个样式对象应用到一个元素上。应用数组的形式进行 style 属性的绑定，可以有以下几种形式。

第一种形式是直接在元素中绑定样式对象，示例代码如下。

```
<div id="app">
    <div v-bind:style="[{color : 'purple'},{fontSize : '30px'},{'font-weight' :
'bold'}]">坚持是成功的终点</div>
</div>
<script src="https://unpkg.com/vue@3"></script>
<script type="text/javascript">
    const vm = Vue.createApp().mount('#app');
</script>
```

运行结果如图 5-6 所示。

图 5-6 设置文字的样式

第二种形式是在 data 选项中定义样式对象数组，示例代码如下。

```
<div id="app">
    <div v-bind:style="arrStyle">坚持是成功的终点</div>
</div>
<script src="https://unpkg.com/vue@3"></script>
<script type="text/javascript">
    const vm = Vue.createApp({
        data(){
            return {
                arrStyle : [{
```

```
                color : 'purple'                                   //文字颜色
            },{
                fontSize : '30px'                                  //文字大小
            },{
                'font-weight' : 'bold'                             //字体粗细
            }]
        }
    }
}).mount('#app');

</script>
```

运行结果同样如图 5-6 所示。

第三种形式是以对象数组的形式进行绑定，示例代码如下。

```
<div id="app">
    <div v-bind:style="[color,size,weight]">坚持是成功的终点</div>
</div>
<script src="https://unpkg.com/vue@3"></script>
<script type="text/javascript">
    const vm = Vue.createApp({
        data(){
            return {
                color : {
                    color : 'purple'                               //文字颜色
                },
                size : {
                    fontSize : '30px'                              //文字大小
                },
                weight : {
                    'font-weight' : 'bold'                         //字体粗细
                }
            }
        }
    }).mount('#app');
</script>
```

运行结果同样如图 5-6 所示。

> 📖 **说明**：当使用 v-bind:style 绑定需要特定前缀的 CSS 属性（如 transform）时，Vue.js 会自动监测并添加相应的前缀。

5.3 AIGC 辅助编程——为表格和文字使用样式绑定

在使用 Vue.js 中的样式绑定时，AIGC 工具可以提供有力的支持。以下介绍如何利用 AIGC 工具为表格和文字使用样式绑定，以巩固本章所学的知识。

5.3.1 实现表格隔行换色

在 AIGC 工具的输入框中输入"使用 Vue 3 实现表格隔行换色"，AIGC 工具会自动生成实例的实现方法。

> 首先，确保 HTML 文件中已经引入 Vue 3。如果使用的是 CDN 方式，可以添加如下代码。
>
> ```
> <script src="https://unpkg.com/vue@3"></script>
> ```

然后，在 HTML 文件中创建一个包含 Vue 实例的 <div> 元素，以及一个表格结构，代码如下。

```
<div id="app">
  <table>
    <thead>
      <tr>
        <th>标题 1</th>
        <th>标题 2</th>
      </tr>
    </thead>
    <tbody>
      <tr v-for="(row, index) in tableRows" :key="index" :class="{'odd-row': index % 2 === 1, 'even-row': index % 2 === 0}">
        <td>{{ row.column1 }}</td>
        <td>{{ row.column2 }}</td>
      </tr>
    </tbody>
  </table>
</div>
```

接下来，在<script>标签中编写 Vue 实例的 JavaScript 代码。

```
<script>
  const { createApp } = Vue;
  createApp({
    data() {
      return {
        tableRows: [
          { column1: '数据 1-1', column2: '数据 1-2' },
          { column1: '数据 2-1', column2: '数据 2-2' },
          //添加更多行数据
        ]
      };
    }
  }).mount('#app');
</script>
```

最后，在 CSS 中定义.odd-row 和.even-row 类来设置不同的背景颜色，代码如下。

```
<style>
  .odd-row {
    background-color: #f2f2f2;        /* 灰色背景 */
  }
  .even-row {
    background-color: #ffffff;        /* 白色背景，或者其他想要的颜色 */
  }
</style>
```

现在，运行 HTML 文件将创建一个 Vue 实例，并绑定到#app 元素。它将迭代 tableRows 数据数组，并为每一行应用一个 CSS 类（odd-row 或 even-row），这取决于行的索引是奇数还是偶数，以实现表格行隔行换色。

5.3.2 制作静态 3D 效果的文字

在 AIGC 工具的输入框中输入"使用 Vue 3 的内联样式绑定制作静态 3D 效果的文字"，AIGC 工具会自动生成实例的实现方法。

为了展示如何在 Vue 3 中使用内联样式绑定来实现这一效果，这里提供一个示例，该示例结合内联样式和固定的 CSS 变换来创建静态的 3D 文字效果。具体代码如下。

```
<style>
  .container {
    text-align: center;
    margin-top: 50px;
    perspective: 1000px; /* Add perspective to the container */
  }
</style>
<div id="app" class="container">
  <h1 :style="textStyle">3D Text Effect</h1>
</div>
<script>
  const { createApp } = Vue;
  createApp({
    data() {
      return {
        //定义一个对象来存储内联样式
        textStyle: {
          display: 'inline-block',
          fontSize: '2em',
          fontWeight: 'bold',
          transform: 'rotateX(30deg) rotateY(45deg)',
          textShadow: '2px 2px 4px rgba(0, 0, 0, 0.5)',
          transformStyle: 'preserve-3d',
        },
      };
    },
  }).mount('#app');
</script>
```

请注意，由于这是静态效果，因此 textStyle 对象中的值在组件的生命周期内不会改变。如果想要动态地改变这些值，可以将它们放在 Vue 的响应式数据属性中，并在需要时更新它们。

小结

本章主要介绍了 Vue.js 中的样式绑定。Vue.js 中的样式绑定包括 class 属性绑定和内联样式绑定两种方式。在实际开发中，读者可以根据自己的需要选择一种方式对元素样式进行绑定。

上机指导

在网站中添加一些有 3D 效果的文字可以使页面更有立体感。编写程序，使用样式绑定的方式制作有 3D 效果的文字。程序运行效果如图 5-7 所示（实例位置：资源包\MR\上机指导\第 5 章\）。

图 5-7　输出有 3D 效果的文字

开发步骤如下。

（1）创建 HTML 文件，在文件中使用 CDN 方式引入 Vue.js，代码如下。

```
<script src="https://unpkg.com/vue@3"></script>
```

（2）定义<div>元素，并设置其 id 属性值为 app，在该元素中定义一个<div>元素，对元素的 class 属性进行绑定，代码如下。

```
<div id="app">
    <div v-bind:class="show">会当凌绝顶，一览众山小。</div>
</div>
```

（3）定义 CSS 类 threeD，在此类中定义元素绑定的样式，代码如下。

```
<style>
    .threeD{
        font-size:50px; /*设置文字大小*/
        font-weight:800; /*设置字体粗细*/
        color:#CCCCFF;/*设置文字颜色*/
        text-shadow:1px 0 #009916, 1px 2px #006615, 3px 1px #009916,
        2px 3px #006615, 4px 2px #009916, 4px 4px #006615,
        5px 3px #009916, 5px 5px #006615, 7px 4px #009916,
        6px 6px #006615, 8px 5px #009916, 7px 7px #006615,
        9px 6px #009916, 9px 8px #006615, 11px 7px #009916/*设置文字阴影*/
    }
</style>
```

（4）创建应用程序实例，在实例中分别定义数据和计算属性，代码如下。

```
<script type="text/javascript">
    const vm = Vue.createApp({
        data(){
            return {
                th : true
            }
        },
        computed : {
            show : function (){
                return {
                    threeD : this.th
                }
            }
        }
    }).mount('#app');
</script>
```

习题

5-1 Vue.js 中的样式绑定有哪两种方式？

5-2 简单描述一下将元素的 class 属性绑定为对象的 3 种形式。

5-3 应用数组语法进行 style 属性的绑定有几种形式？

第6章 事件处理

本章要点

- ☐ 使用 v-on 指令
- ☐ 使用内联 JavaScript 语句
- ☐ 按键修饰符
- ☐ 事件处理方法
- ☐ 事件修饰符

在 Vue.js 中，事件处理是一个很重要的环节，它可以使程序的逻辑结构更加清晰，并使程序更加灵活，提高程序的开发效率。本章主要介绍如何应用 Vue.js 中的 v-on 指令进行事件处理。

6.1 事件监听

监听 DOM 事件使用的是 v-on 指令。该指令通常在模板中直接使用，在触发事件时会执行一些 JavaScript 代码。

6.1.1 使用 v-on 指令

在 HTML 中使用 v-on 指令时，其后面可以是所有的原生事件名称。基本用法如下。

使用 v-on 指令

```
<button v-on:click="show">显示</button>
```

上述代码中，将 click 事件绑定到 show()方法。当单击"显示"按钮时，将执行 show()方法，该方法在 Vue 实例中进行定义。

另外，Vue.js 提供了 v-on 指令的简写形式"@"，将上述代码改为简写形式的代码，具体如下。

```
<button @click="show">显示</button>
```

【例 6-1】定义一个"放大"按钮和一个"缩小"按钮，通过单击按钮实现文字放大和缩小的效果（实例位置：资源包\MR\源代码\第 6 章\6-1）。

实现代码如下。

```
<div id="app">
    <button v-on:click="count++">放大</button>
    <button v-on:click="count--">缩小</button>
    <p v-bind:style="{fontSize:count + 'px'}">富贵必从勤苦得</p>
</div>
<script src="https://unpkg.com/vue@3"></script>
<script type="text/javascript">
    const vm = Vue.createApp({
```

```
        data(){
            return {
                count : 20
            }
        }
    }).mount('#app');
</script>
```

运行结果如图 6-1 所示。

图 6-1　单击按钮以放大或缩小文字

6.1.2　事件处理方法

通常情况下，使用 v-on 指令需要将事件和某个方法进行绑定。绑定的方法作为事件处理器定义在 methods 选项中。

事件处理方法

【例 6-2】　实现动态设置图片边框的功能。当将鼠标指针移到图片上时，为图片添加边框；当将鼠标指针移出图片时，去除图片边框（实例位置：资源包\MR\源代码\第 6 章\6-2）。

实现代码如下。

```
<div id="app">
    <img id="pic" v-bind:src="url" v-on:mouseover="setBorder(1)" v-on:mouseout="setBorder(0)">
</div>
<script src="https://unpkg.com/vue@3"></script>
<script type="text/javascript">
    const vm = Vue.createApp({
        data(){
            return {
                url : 'images/volleyball.jpg'//图片 URL
            }
        },
        methods : {
            setBorder : function(i){
                var pic = document.getElementById('pic');
                if(i === 1){
                    pic.style.border = '1px solid';
                }else{
                    pic.style.border = 'none';
                }
            }
        }
    }).mount('#app');
</script>
```

运行结果如图 6-2 和图 6-3 所示。

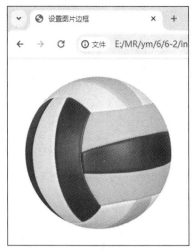

图 6-2　图片初始效果

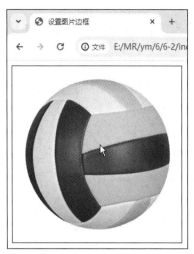

图 6-3　为图片添加边框

与事件绑定的方法支持参数 event，即支持原生 DOM 事件对象的传入。

【例 6-3】　实现动态改变文本样式的效果。当鼠标指针指向文本时为文本添加样式，当鼠标指针移开文本时去除文本样式（实例位置：资源包\MR\源代码\第 6 章\6-3）。

实现代码如下。

```
<div id="app">
    <div v-on:mouseover="addStyle" v-on:mouseout="removeStyle">良好的开端是成功的一半</div>
</div>
<script src="https://unpkg.com/vue@3"></script>
<script type="text/javascript">
    const vm = Vue.createApp({
        methods : {
            addStyle : function(e){
                e.target.style.fontSize = '30px';
                e.target.style.fontWeight = 'bold';
                e.target.style.color = 'blue';
            },
            removeStyle : function(e){
                e.target.style.fontSize = 'unset';
                e.target.style.fontWeight = 'unset';
                e.target.style.color = 'unset';
            }
        }
    }).mount('#app');
</script>
```

运行结果如图 6-4 和图 6-5 所示。

图 6-4　文本初始效果

图 6-5　为文本添加样式

6.1.3 使用内联 JavaScript 语句

除了直接绑定一个方法之外，v-on 也支持内联 JavaScript 语句，但只可以使用一个语句。示例代码如下。

```
<div id="app">
    <button v-on:click="show('华为 Mate60')">显示商品名称</button>
    <p>{{address}}</p>
</div>
<script src="https://unpkg.com/vue@3"></script>
<script type="text/javascript">
    const vm = Vue.createApp({
        data(){
            return {
                address : ''
            }
        },
        methods : {
            show : function(info){
                this.address = "商品名称: " + info;
            }
        }
    }).mount('#app');
</script>
```

运行上述代码，当单击"显示商品名称"按钮时会显示商品名称，结果如图 6-6 所示。

图 6-6　输出商品名称

如果在内联语句中需要获取原生的 DOM 事件对象，可以将一个特殊变量$event 传入方法中。示例代码如下。

```
<div id="app">
    <a href="https://www.mingrisoft.com" v-on:click="show('欢迎访问明日学院！', $event)">
{{name}}</a>
</div>
<script src="https://unpkg.com/vue@3"></script>
<script type="text/javascript">
    const vm = Vue.createApp({
        data(){
            return {
                name : '明日学院'
            }
        },
        methods : {
            show : function(message,e){
                e.preventDefault();                //阻止事件的默认行为
                alert(message);
```

```
        }
      }
    })).mount('#app');
</script>
```

运行上述代码，当单击"明日学院"超链接时会弹出对话框，结果如图6-7所示。

图 6-7　输出欢迎信息

上述代码中，除了向 show()方法传递了一个值外，还传递了一个特殊变量$event，该变量的作用是当单击超链接时，对原生 DOM 事件对象进行处理，应用 preventDefault()方法阻止该超链接的跳转行为。

6.2 事件处理中的修饰符

第 2 章介绍过，修饰符是以点号指明的特殊后缀。Vue.js 为 v-on 指令提供了多个修饰符，这些修饰符分为事件修饰符和按键修饰符。下面分别介绍这两种修饰符。

6.2.1 事件修饰符

在事件处理程序中经常会调用 preventDefault()或 stopPropagation()方法来实现特定的功能。为了处理这些 DOM 事件细节，Vue.js 为 v-on 指令提供了事件修饰符。事件修饰符及其说明如表 6-1 所示。

事件修饰符

表 6-1　事件修饰符及其说明

事件修饰符	说明
.stop	等同于调用 event.stopPropagation()
.prevent	等同于调用 event.preventDefault()
.capture	使用 capture 模式添加事件监听器
.self	仅当事件是从监听器绑定的元素本身触发时才触发回调
.once	只触发一次回调
.passive	以 { passive: true }模式添加监听器

事件修饰符可以串联使用，而且可以只使用事件修饰符，而不绑定事件处理方法。事件修饰符的使用方式如下。

```
<!--阻止单击事件继续传播-->
<a v-on:click.stop="doSomething"></a>
<!--阻止表单的默认提交事件-->
<form v-on:submit.prevent="onSubmit"></form>
<!--只有当事件是从当前元素本身触发时才调用处理函数-->
```

```
<div v-on:click.self="doSomething"></div>
<!--事件修饰符串联，阻止表单的默认提交事件且阻止冒泡-->
<a v-on:click.stop.prevent="doSomething"></a>
<!--只有事件修饰符，而不绑定事件-->
<form v-on:submit.prevent></form>
```

下面是一个应用.stop 事件修饰符阻止事件冒泡的示例，代码如下。

```
<style>
    .test1{                                 /*<div>元素的样式*/
        width:240px;
        height:150px;
        background-color:gray;
        text-align:center;
        color:#FFFFFF;
    }
    .test2{                                 /*<p>元素的样式*/
        width:160px;
        height:80px;
        background-color:orange;
        text-align:center;
        margin:10px auto;
        color:#FFFFFF;
    }
</style>
<div id="app">
    <div class="test1" v-on:mouseover="addBorder('test1')" v-on:mouseout="removeBorder
('test1')">
        <b><div>元素</b>
        <p class="test2" v-on:mouseover.stop="addBorder('test2')" v-on:mouseout=
"removeBorder('test2')">
            <b><p>元素</b>
        </p>
    </div>
</div>
<script src="https://unpkg.com/vue@3"></script>
<script type="text/javascript">
    const vm = Vue.createApp({
        methods : {
            addBorder : function(className){
            var ele = document.getElementsByClassName(className)[0];
            ele.style.border = '2px solid #000';              //设置元素边框
        },
            removeBorder : function(className){
            var ele = document.getElementsByClassName(className)[0];
            ele.style.border = 'none';                        //移除元素边框
        }
        }
    }).mount('#app');
</script>
```

运行上述代码，当鼠标指针移入内部的<p>元素时只会触发该元素的 mouseover 事件，为元素添加一个黑色边框，效果如图 6-8 所示。如果<p>元素中未使用.stop 修饰符，则当鼠标指针移入内部的<p>元素时，不仅会触发<p>元素的 mouseover 事件，还会触发外部的<div>元素的 mouseover 事件，因此会显示两个黑色边框，效果如图 6-9 所示。

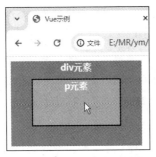
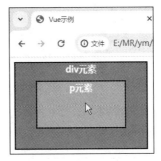

图 6-8　为\<p\>元素设置边框　　　　　图 6-9　为\<div\>元素和\<p\>元素设置边框

📖 **说明：** 事件冒泡是 JavaScript 的一种事件处理机制。如果想详细了解更多关于事件冒泡的知识，可以使用 AIGC 工具来辅助学习。例如，在通义大模型工具中直接输入"JavaScript 事件冒泡"并发送，其会自动提供相关的内容，如图 6-10 所示。

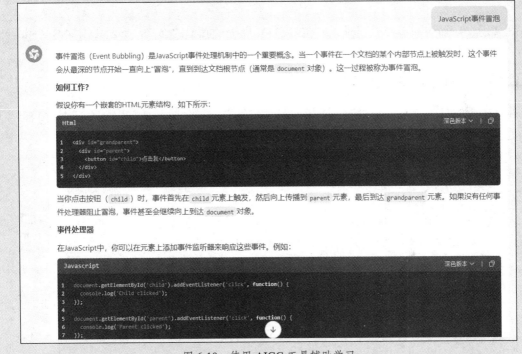

图 6-10　使用 AIGC 工具辅助学习

6.2.2　按键修饰符

除了事件修饰符之外，Vue.js 还为 v-on 指令提供了按键修饰符，以便监听键盘事件中的按键。当触发键盘事件时需要检测按键的 keyCode，示例代码如下。

按键修饰符

```
<input v-on:keyup.13="submit">
```

上述代码中，应用 v-on 指令监听键盘的 keyup 事件。因为键盘中\<Enter\>键的 keyCode 是 13，所以，在文本框中输入内容后，按\<Enter\>键就会调用 submit() 方法。

鉴于记住一些按键的 keyCode 比较困难，Vue.js 为一些常用的按键提供了别名。例如，\<Enter\>

键的别名为 enter，将上述示例代码修改为使用别名的形式，代码如下。

```
<input v-on:keyup.enter="submit">
```

Vue.js 中常用按键的 keyCode 别名如表 6-2 所示。

表 6-2　常用按键的 keyCode 别名

按键	keyCode	别名	按键	keyCode	别名
Enter	13	enter	Tab	9	tab
Backspace	8	backspace	Delete	46	delete
Esc	27	esc	Spacebar	32	space
Up Arrow（↑）	38	up	Down Arrow（↓）	40	down
Left Arrow（←）	37	left	Right Arrow（→）	39	right

6.3　AIGC 辅助编程——单击事件的应用

在使用 Vue.js 中的事件处理时，AIGC 工具可以提供有力的支持。下面介绍如何利用 AIGC 工具来辅助编程，以巩固本章所学的知识。

6.3.1　统计单击按钮的次数

在 AIGC 工具的输入框中输入"使用 Vue 3 统计单击按钮的次数"，AIGC 工具会自动生成实例的实现方法。

以下是一个简单的示例，它展示如何创建一个 Vue 3 应用，该应用包含一个按钮和一个显示单击次数的计数器。具体代码如下。

```
<body>
  <div id="app">
    <p>Button clicked {{ clickCount }} times</p>
    <button @click="incrementClickCount">Click me</button>
  </div>
  <script>
  const { createApp } = Vue;
  createApp({
    data() {
      return {
        clickCount: 0                    //初始化单击次数为0
      };
    },
    methods: {
      incrementClickCount() {
        this.clickCount += 1;            //每次单击按钮时增加单击次数
      }
    }
  }).mount('#app');
  </script>
</body>
```

运行上述代码，可以看到一个按钮和一个计数器。每次单击按钮时，计数器都会更新以显示新的单击次数。

6.3.2 实现选择题

在 AIGC 工具的输入框中输入"使用 Vue 3 实现一道简单的选择题"，AIGC 工具会自动生成实例的实现方法。

以下是一个使用 Vue 3 的选项式 API 实现简单选择题的示例，所有的逻辑和模板都直接包含在 Vue 实例的根元素中。

```html
<body>
  <div id="app">
    <h1>选择题</h1>
    <p class="question">{{ question }}</p>
    <ul class="options">
      <li v-for="(option, index) in options" :key="index">
        <input type="radio" class="radio-option":value="option" v-model=
"selectedOption"> {{ option }}
      </li>
    </ul>
    <button class="submit-btn" @click="checkAnswer">提交</button>
    <p class="result" v-if="isResultShown">{{ resultMessage }}</p>
  </div>
  <script>
    const { createApp } = Vue;
    createApp({
      data() {
        return {
          question: '以下哪个是Vue.js 的核心特性？',
          options: ['响应式数据绑定', 'DOM 操作', '模板引擎', 'AJAX 请求'],
          selectedOption: '',
          isResultShown: false,
          resultMessage: ''
        };
      },
      methods: {
        checkAnswer() {
          this.isResultShown = true;    //将 isResultShown 设置为 true，以显示结果
          const correctAnswer = '响应式数据绑定';     //定义正确答案
          if (this.selectedOption === correctAnswer) {
            this.resultMessage = '回答正确！';
          } else {
            this.resultMessage = `回答错误，正确答案是：${correctAnswer}`;
          }
        }
      }
    }).mount('#app');
  </script>
</body>
```

上述代码定义了一个包含问题、选项、用户选择、是否显示结果及结果提示信息的 Vue 实例。当用户单击提交按钮时，checkAnswer()方法会检查用户的选择，并更新结果提示信息和是否显示结果的标志。

小结

本章主要介绍了 Vue.js 中的事件处理。通过本章的学习，读者可以熟悉如何应用 v-on 指令监听 DOM 元素的事件，并调用事件处理程序。

上机指导

在添加影片信息页面中制作一个二级菜单，通过二级菜单选择影片的所属类别，当第一个下拉菜单中的选项改变时，第二个下拉菜单中的选项也会随之改变。程序运行效果如图 6-11 所示（实例位置：资源包\MR\上机指导\第 6 章\）。

图 6-11　应用二级菜单选择影片所属类别

开发步骤如下。

（1）创建 HTML 文件，在文件中使用 CDN 方式引入 Vue.js，代码如下。

```
<script src="https://unpkg.com/vue@3"></script>
```

（2）定义<div>元素，并设置其 id 属性值为 app，在该元素中定义一个用于添加影片信息的表单，在表单中定义两个下拉菜单，在第一个下拉菜单中应用 v-on 指令监听元素的 change 事件，代码如下。

```
<div id="app">
    <form name="form">
        <div class="title">添加影片信息</div>
        <div class="one">
        <label for="type">影片分类: </label>
        <select id="type" v-on:change="getPtext">
            <option v-for="pmenu in menulist" v-bind:value="pmenu.text">
                    {{pmenu.text}}
            </option>
        </select>
            <select>
                <option v-for="submenu in getSubmenu" v-bind:value="submenu.text">
                    {{submenu.text}}
                </option>
            </select>
        </div>
        <div class="one">
        <label for="name">影片名称: </label>
```

```
        <input type="text" id="name">
        </div>
        <div class="one">
        <label for="director">影片导演: </label>
        <input type="text" id="director">
        </div>
        <div class="one">
        <label for="start">影片主演: </label>
        <input type="text" id="start">
        </div>
        <div class="two">
        <input type="submit" value="添加">
        <input type="reset" value="重置">
        </div>
    </form>
</div>
```

（3）创建应用程序实例，在实例中分别定义数据、方法和计算属性，通过方法获取第一个
下拉菜单中的选项，通过计算属性获取该选项对应的子菜单项，代码如下。

```
<script type="text/javascript">
    const vm = Vue.createApp({
        data(){
            return {
                ptext : '动作电影',
                menulist:[{
                    text:'动作电影',
                    submenu:[
                        {text:'枪战片'},
                        {text:'武侠片'},
                        {text:"魔幻片"},
                    ]
                },{
                    text:'科幻电影',
                    submenu:[
                        {text:'外星人'},
                        {text:'自然灾难'},
                        {text:"生物变异"},
                    ]
                },{
                    text:'文艺电影',
                    submenu:[
                        {text:'纪录片'},
                        {text:'歌舞片'},
                        {text:"音乐片"},
                    ]
                }]
            }
        },
        methods : {
            getPtext : function(event){//获取主菜单项
```

```
                this.ptext = event.target.value;
            }
        },
        computed : {
            getSubmenu : function(){//获取子菜单项
                for(var i = 0; i < this.menulist.length; i++){
                    if(this.menulist[i].text === this.ptext){
                    return this.menulist[i].submenu;
                    }
                }
            }
        }
    }).mount('#app');
</script>
```

习题

6-1   如果在内联语句中需要获取原生的 DOM 事件对象，需要使用什么变量？

6-2   列举常用的两个事件修饰符并说明它们的作用。

第7章 表单控件绑定

本章要点

❏ 应用 v-model 绑定文本框　　❏ 应用 v-model 绑定复选框
❏ 应用 v-model 绑定单选按钮　❏ 应用 v-model 绑定下拉菜单
❏ 将表单控件的值绑定到动态属性　❏ 使用 v-model 的修饰符

Web 应用可以通过表单实现输入文字、选择选项和提交数据等功能。Vue.js 通过 v-model 指令可以对表单元素进行双向数据绑定，在修改表单元素的同时，Vue 实例中对应的属性值也会随之更新。本章主要介绍如何应用 v-model 指令进行表单控件绑定。

7.1 绑定文本框

v-model 指令用于根据控件类型自动选取正确的方法来更新元素。在表单中，最基本的表单控件类型是文本框，文本框又分为单行文本框和多行文本框。下面介绍这两种文本框和 Vue 实例中对应的属性值之间的绑定。

7.1.1 单行文本框

单行文本框用于输入单行文本。应用 v-model 指令将单行文本框与 Vue 实例中的属性值进行绑定，当单行文本框中的内容发生变化时，绑定的属性值也会进行相应更新。

单行文本框

【例 7-1】 根据单行文本框中的关键字搜索指定的手机信息（实例位置：资源包\MR\源代码\第 7 章\7-1）。

实现代码如下。

```html
<div id="app">
    <div class="search">
        <input type="text" v-model="searchStr" placeholder="请输入搜索内容">
    </div>
    <div>
        <div class="item" v-for="phones in results">
            <img :src="phones.image">
            <span>{{phones.name}}</span>
        </div>
    </div>
</div>
<script src="https://unpkg.com/vue@3"></script>
```

```javascript
<script type="text/javascript">
    const vm = Vue.createApp({
        data(){
            return {
                searchStr : '',//搜索关键字
                phones : [{//定义手机信息数组
                    name : 'OPPO Find X7',
                    image : 'images/OPPO Find X7.png',
                },{
                    name : 'OPPO Reno11',
                    image : 'images/OPPO Reno11.png',
                },{
                    name : 'vivo S18',
                    image : 'images/vivo S18.png',
                },{
                    name : 'vivo X100',
                    image : 'images/vivo X100.png',
                },{
                    name : '华为 Mate60',
                    image : 'images/华为 Mate60.png',
                },{
                    name : '小米 14',
                    image : 'images/小米 14.png',
                }]
            }
        },
        computed : {
            results : function(){
                var phones = this.phones;
                if(this.searchStr === ''){
                    return phones;
                }
                var searchStr = this.searchStr.trim().toLowerCase();//去除空格并转换为小写
                phones = phones.filter(function(ele){
                    //判断手机名称是否包含搜索关键字
                    if(ele.name.toLowerCase().indexOf(searchStr) !== -1){
                        return ele;
                    }
                });
                return phones;
            }
        }
    }).mount('#app');
</script>
```

运行结果如图 7-1 和图 7-2 所示。

| 图 7-1 输出全部手机信息 | 图 7-2 输出搜索结果 |

7.1.2 多行文本框

多行文本框又叫作文本域。应用 v-model 指令对文本域进行数据绑定的示例代码如下。

```
<div id="app">
    <textarea rows="6" v-model="text"></textarea>
    <p style="white-space:pre">{{text}}</p>
</div>
<script src="https://unpkg.com/vue@3"></script>
<script type="text/javascript">
    const vm = Vue.createApp({
        data(){
            return {
                text : ''
            }
        }
    }).mount('#app');
</script>
```

运行结果如图 7-3 所示。

图 7-3 多行文本框的数据绑定

7.2 绑定复选框

为复选框进行数据绑定有两种情况，一种是为单个复选框进行数据绑定，另一种是为多个复选框进行数据绑定。下面分别进行介绍。

单个复选框

7.2.1 单个复选框

如果只有单个复选框，应用 v-model 绑定的是一个布尔值，示例代码如下。

```
<div id="app">
    <input type="checkbox" id="check" v-model="checked">
    <label for="check">是否选中：{{checked}}</label>
</div>
<script src="https://unpkg.com/vue@3"></script>
<script type="text/javascript">
    const vm = Vue.createApp({
        data(){
            return {
                checked : false                //默认不选中
            }
        }
    }).mount('#app');
</script>
```

运行上述代码，当选中复选框时，应用 v-model 绑定的 checked 属性值为 true，否则该属性值为 false，此时<label>元素中的值也会随之改变。结果如图 7-4 和图 7-5 所示。

图 7-4　选中复选框

图 7-5　取消选中复选框

7.2.2 多个复选框

多个复选框

如果有多个复选框，应用 v-model 绑定的是一个数组。当选中某个复选框时，该复选框的 value 值会存入 like 数组中。当取消选中某个复选框时，该复选框的值会从 like 数组中移除。

【例 7-2】 在页面中应用复选框添加音乐风格选项，并添加"全选""反选""全不选"按钮，实现复选框的全选、反选和全不选操作（实例位置：资源包\MR\源代码\第 7 章\7-2）。

实现代码如下。

```
<div id="app">
    <input type="checkbox" value="流行" v-model="checkedNames">
    <label for="pop">流行</label>
    <input type="checkbox" value="摇滚" v-model="checkedNames">
    <label for="rock">摇滚</label>
```

```
    <input type="checkbox" value="古典" v-model="checkedNames">
    <label for="classical">古典</label>
    <input type="checkbox" value="民谣" v-model="checkedNames">
    <label for="ballad">民谣</label>
    <input type="checkbox" value="爵士" v-model="checkedNames">
    <label for="jazz">爵士</label>
    <p v-if="checked">
        您喜欢的音乐风格：{{result}}
    </p>
    <p>
        <button @click="allChecked">全选</button>
        <button @click="reverseChecked">反选</button>
        <button @click="noChecked">全不选</button>
    </p>
</div>
<script src="https://unpkg.com/vue@3"></script>
<script type="text/javascript">
    const vm = Vue.createApp({
        data(){
            return {
                checked: false,
                checkedNames: [],
                checkedArr: ["流行", "摇滚", "古典", "民谣", "爵士"],
                tempArr: []
            }
        },
        methods: {
            allChecked: function() {//全选
                this.checkedNames = this.checkedArr;
            },
            noChecked: function() {//全不选
                this.checkedNames = [];
            },
            reverseChecked: function() {//反选
                this.tempArr=[];
                for(var i=0;i<this.checkedArr.length;i++){
                    if(!this.checkedNames.includes(this.checkedArr[i])){
                        this.tempArr.push(this.checkedArr[i]);
                    }
                }
                this.checkedNames=this.tempArr;
            }
        },
        computed: {
            result: function(){//获取选中的音乐风格
                var show = "";
                for(var i=0;i<this.checkedNames.length;i++){
                    show += this.checkedNames[i] + " ";
                }
                return show;
            }
        },
        watch: {
```

```
        "checkedNames": function() {
            if (this.checkedNames.length > 0) {
                this.checked = true//显示音乐风格
            } else {
                this.checked = false//隐藏音乐风格
            }
        }
    }
}).mount('#app');
</script>
```

运行结果如图 7-6 所示。

图 7-6　实现复选框的全选、反选和全不选

7.3　绑定单选按钮

当某个单选按钮被选中时,应用 v-model 绑定的属性会被赋值为该单选按钮的 value 属性值。

【例 7-3】　应用单选按钮实现一个选择题。如果未选择答案,则直接单击"提交答案"按钮时提示"请选择答案!";如果选择的选项不正确,则单击"提交答案"按钮时提示"答案不正确!",否则提示"答案正确!"(实例位置:资源包\MR\源代码\第 7 章\7-3)。

绑定单选按钮

实现代码如下。

```
<div id="app">
    <form name="myform">
        古诗《登鹳雀楼》的作者是谁?
        <p>
            <input type="radio" v-model="star" value="李白">李白
            <input type="radio" v-model="star" value="杜牧">杜牧
            <input type="radio" v-model="star" value="王之涣">王之涣
            <input type="radio" v-model="star" value="苏轼">苏轼
        </p>
        <input type="button" value="提交答案" v-on:click="show">
    </form><br>
    <div>{{message}}</div>
</div>
<script src="https://unpkg.com/vue@3"></script>
<script type="text/javascript">
    const vm = Vue.createApp({
        data(){
```

```
            return {
                star : '',
                message : ''
            }
        },
        methods : {
            show(){
                if(this.star === ''){
                    this.message = '请选择答案！';
                }else if(this.star === '王之涣'){
                    this.message = '答案正确！';
                }else{
                    this.message = '答案不正确！';
                }
            }
        }
    }).mount('#app');
</script>
```

运行结果如图 7-7 所示。

图 7-7　应用单选按钮实现选择题

7.4　绑定下拉菜单

同复选框一样，下拉菜单也分为单选和多选两种，所以应用 v-model 绑定下拉菜单时也分为两种不同的情况，下面分别进行介绍。

单选

7.4.1　单选

在只提供单选的下拉菜单中，当选择某个选项时，如果为该选项设置了 value 属性值，则应用 v-model 绑定的属性会被赋值为该选项的 value 属性值，否则会被赋值为该选项。示例代码如下。

```
<div id="app">
    <label for="school">请选择学历：</label>
    <select id="school" v-model="education">
        <option value="">请选择</option>
        <option>博士</option>
        <option>硕士</option>
        <option>本科</option>
        <option>专科</option>
        <option>高中</option>
```

```
        <option>高中以下</option>
    </select>
    <p>您的学历：{{education}}</p>
</div>
<script src="https://unpkg.com/vue@3"></script>
<script type="text/javascript">
    const vm = Vue.createApp({
        data(){
            return {
                education : ''
            }
        }
    }).mount('#app');
</script>
```

运行结果如图 7-8 所示。

图 7-8　输出选择的选项

📖 **说明**：使用 v-for 指令可以动态生成下拉菜单中的<option>标签，并应用 v-model 对生成的下拉菜单进行绑定。

7.4.2　多选

如果为<select>元素设置了 multiple 属性，下拉菜单中的选项就会以列表的方式显示，此时，可以对列表框中的选项进行多选。在进行多选时，应用 v-model 绑定的是一个数组。当选中某个选项时，该选项会存入 type 数组中。当取消选中某个选项时，该选项会从 type 数组中移除。

多选

【例 7-4】　制作一个简单的选择课程的程序，用户可以在"可选课程"列表框和"已选课程"列表框之间进行选项的移动（实例位置：资源包\MR\源代码\第 7 章\7-4）。

实现代码如下。

```
<div id="app">
    <div class="left">
        <span>可选课程</span>
        <select size="6" multiple="multiple" v-model="course">
            <option v-for="value in courselist" :value="value">{{value}}</option>
        </select>
    </div>
    <div class="middle">
        <input type="button" value=">>" v-on:click="toMycourse">
        <input type="button" value="<<" v-on:click="tocourse">
    </div>
    <div class="right">
        <span>已选课程</span>
```

```
            <select size="6" multiple="multiple" v-model="mycourse">
                <option v-for="value in mycourselist" :value="value">{{value}}</option>
            </select>
        </div>
    </div>
    <script src="https://unpkg.com/vue@3"></script>
    <script type="text/javascript">
        const vm = Vue.createApp({
            data(){
                return {
                    courselist : ['高等数学','计算机基础','自动控制','传感器','机械制图','数据库
设计'],//所有课程
                    mycourselist : [],// "已选课程" 列表框
                    course : [],// "可选课程" 列表框中的选项
                    mycourse : []// "已选课程" 列表框中的选项
                }
            },
            methods: {
                toMycourse : function(){
                    for(var i = 0; i < this.course.length; i++){
                        this.mycourselist.push(this.course[i]);//添加到 "已选课程" 列表框
                        var index = this.courselist.indexOf(this.course[i]);//获取选项索引
                        this.courselist.splice(index,1);//从 "可选课程" 列表框移除
                    }
                    this.course = [];
                },
                tocourse : function(){
                    for(var i = 0; i < this.mycourse.length; i++){
                        this.courselist.push(this.mycourse[i]);//添加到 "可选课程" 列表框
                        var index = this.mycourselist.indexOf(this.mycourse[i]);//获取选
项索引
                        this.mycourselist.splice(index,1);//从 "已选课程" 列表框移除
                    }
                    this.mycourse = [];
                }
            }
        }).mount('#app');
    </script>
```

运行结果如图 7-9 所示。

图 7-9 选择课程

7.5 值绑定

通常情况下，对于单选按钮、复选框及下拉菜单中的选项，应用 v-model 绑定的值通常是静态字符串（单个复选框是布尔值）。但是有时需要把值绑定到 Vue 实例的一个动态属性上，这时可以应用 v-bind 实现，并且动态属性的值可以不是字符串，如数值、对象、数组等。下面介绍在单选按钮、复选框，以及下拉菜单中如何将值绑定到一个动态属性上。

单选按钮

7.5.1 单选按钮

在单选按钮中将值绑定到一个动态属性上的示例代码如下。

```
<div id="app">
    <p>你去过大理吗? </p>
    <input type="radio" id="is" :value="items.is" v-model="been">
    <label for="is">去过</label>
    <input type="radio" id="no" :value="items.no" v-model="been">
    <label for="no">没去过</label>
    <p>你选择的是: {{been}}</p>
</div>
<script src="https://unpkg.com/vue@3"></script>
<script type="text/javascript">
    const vm = Vue.createApp({
        data(){
            return {
                been : '',
                items : { is : '去过', no : '没去过' }
            }
        }
    }).mount('#app');
</script>
```

运行结果如图 7-10 所示。

图 7-10　输出选中的单选按钮的值

7.5.2 复选框

在单个复选框中，可以应用 true-value 和 false-value 属性将值绑定到动态属性上。示例代码如下。

```
<div id="app">
    <input type="checkbox" id="check" v-model="toggle" :true-value="yes":false-value="no">
    <label for="check">{{toggle}}</label>
```

```
        </div>
        <script src="https://unpkg.com/vue@3"></script>
        <script type="text/javascript">
            const vm = Vue.createApp({
                data(){
                    return {
                        toggle : '',
                        yes : '复选框被选中',
                        no : '复选框未被选中'
                    }
                }
            }).mount('#app');
        </script>
```

运行结果如图 7-11 所示。

图 7-11 输出复选框的当前选中状态

在多个复选框中，将复选框的值绑定到动态属性上需要使用 v-bind 指令。示例代码如下。

```
<div id="app">
    <p>请选择你喜欢的体育项目：</p>
    <input type="checkbox" :value="sports[0]" v-model="sport">
    <label>{{sports[0]}}</label>
    <input type="checkbox" :value="sports[1]" v-model="sport">
    <label>{{sports[1]}}</label>
    <input type="checkbox" :value="sports[2]" v-model="sport">
    <label>{{sports[2]}}</label>
    <input type="checkbox" :value="sports[3]" v-model="sport">
    <label>{{sports[3]}}</label>
    <input type="checkbox" :value="sports[4]" v-model="sport">
    <label>{{sports[4]}}</label>
    <input type="checkbox" :value="sports[5]" v-model="sport">
    <label>{{sports[5]}}</label>
    <p>选择的体育项目：{{sport.join('、')}}</p>
</div>
<script src="https://unpkg.com/vue@3"></script>
<script type="text/javascript">
    const vm = Vue.createApp({
        data(){
            return {
                sports : ['田径','游泳','举重','射击','跳水','拳击'],
                sport : []
            }
        }
    }).mount('#app');
</script>
```

运行结果如图 7-12 所示。

图 7-12　输出选中的选项

下拉菜单

7.5.3　下拉菜单

在下拉菜单中将值绑定到一个动态属性上的示例代码如下。

```html
<div id="app">
    <span>请选择影片类型: </span>
    <select v-model="type">
        <option :value="types[0]">{{types[0]}}</option>
        <option :value="types[1]">{{types[1]}}</option>
        <option :value="types[2]">{{types[2]}}</option>
        <option :value="types[3]">{{types[3]}}</option>
    </select>
    <p>选择的影片类型: {{type}}</p>
</div>
<script src="https://unpkg.com/vue@3"></script>
<script type="text/javascript">
    const vm = Vue.createApp({
        data(){
            return {
                types : ['爱情电影','科幻电影','动作电影','文艺电影'],
                type : '爱情电影'
            }
        }
    }).mount('#app');
</script>
```

运行结果如图 7-13 所示。

图 7-13　输出选择的选项

7.6　使用修饰符

Vue.js 为 v-model 指令提供了一些修饰符, 通过这些修饰符可以处理某些常规操作, 其说明如下。

7.6.1　.lazy

.lazy

默认情况下,应用 v-model 在 input 事件中将文本框的值与数据进行同步。添加.lazy 修饰符后可以转变为使用 change 事件进行同步。示例代码如下。

```
<div id="app">
    <input v-model.lazy="message" placeholder="请输入内容">
    <p>{{message}}</p>
</div>
<script src="https://unpkg.com/vue@3"></script>
<script type="text/javascript">
    const vm = Vue.createApp({
        data(){
            return {
                message : ''
            }
        }
    }).mount('#app');
</script>
```

运行上述代码,当触发文本框的 change 事件后,才会输出在文本框中输入的内容,运行结果如图 7-14 所示。

图 7-14　输出在文本框中输入的内容

7.6.2　.number

.number

在 v-model 指令中使用.number 修饰符,可以自动将用户输入的内容转换为数值类型。如果转换结果为 NaN,则返回用户输入的原始值。示例代码如下。

```
<div id="app">
    <input v-model.number="message" placeholder="请输入内容">
    <p>{{message}}</p>
</div>
<script src="https://unpkg.com/vue@3"></script>
<script type="text/javascript">
    const vm = Vue.createApp({
        data(){
            return {
                message : ''
            }
        }
    }).mount('#app');
</script>
```

运行结果如图 7-15 所示。

图 7-15 输出转换后的数值

7.6.3 .trim

.trim

如果要自动过滤用户输入的字符串首尾的空格，可以为 v-model 指令添加.trim 修饰符。示例代码如下。

```
<div id="app">
    <input v-model.trim="message" placeholder="请输入内容">
    <p>{{message}}</p>
</div>
<script src="https://unpkg.com/vue@3"></script>
<script type="text/javascript">
    const vm = Vue.createApp({
        data(){
            return {
                message : ''
            }
        }
    }).mount('#app');
</script>
```

运行结果如图 7-16 所示。

图 7-16 过滤字符串首尾空格

7.7 AIGC 辅助编程——绑定输入框的值和下拉菜单

在使用 Vue.js 中的表单控件绑定时，AIGC 工具可以提供有力的支持。下面介绍如何利用 AIGC 工具绑定输入框的值和下拉菜单，以巩固本章所学的知识。

7.7.1 绑定输入框的值

在 AIGC 工具的输入框中输入"使用 Vue 3 中的表单控件绑定输入框的值"，AIGC 工具会自动生成实例的实现方法。

在 Vue 3 中，可以使用表单控件绑定和计算属性或方法来限制用户输入的字数。下面是一个简单的示例，展示如何使用 v-model 指令绑定输入框的值，并使用一个方法来监控和限制输入的字数。具体代码如下。

```html
<body>
  <div id="app">
    <h1>限制输入字数</h1>
    <textarea v-model="inputText" @input="limitInputLength"
      placeholder="请输入文本（最多150个字符）..."
    ></textarea>
    <div class="char-count">
      已输入 {{ inputText.length }}/150 个字符
    </div>
    <div v-if="exceededLimit" class="error">
      输入字数已超过限制!
    </div>
  </div>
  <script>
  const { createApp } = Vue;
  createApp({
    data() {
      return {
        inputText: '',                    //存储输入框中的内容
        maxCharacters: 150,               //定义最大字符数限制
        exceededLimit: false              //是否超过字符数限制
      };
    },
    methods: {
      limitInputLength() {
        this.exceededLimit = this.inputText.length > this.maxCharacters;
        //如果超过字符数限制，则将 inputText 裁剪到最大字符数以内
        if (this.exceededLimit) {
          this.inputText = this.inputText.slice(0, this.maxCharacters);
        }
      }
    }
  }).mount('#app');
  </script>
</body>
```

limitInputLength()方法会在用户输入时通过@input 事件监听器被调用。该方法会检查 inputText 的长度是否超过 maxCharacters，如果超过，则截断 inputText，以确保它不会超过最大字符数限制。同时，exceededLimit 属性会被更新为 true 或 false，以控制是否显示错误消息。

7.7.2 绑定下拉菜单

在 AIGC 工具的输入框中输入"使用 Vue 3 绑定下拉菜单来选择音乐类型"，AIGC 工具会自动生成实例的实现方法。

以下是一个简单的 Vue 3 实例，它展示如何创建一个下拉菜单来选择音乐类型。具体代码如下。

```
<body>
  <div id="app">
    <h1>选择你喜欢的音乐类型</h1>
    <select v-model="selectedMusicType">
      <option v-for="type in musicTypes" :key="type" :value="type">
        {{ type }}
      </option>
    </select>
    <p>你选择了: {{ selectedMusicType }}</p>
  </div>
  <script>
    const { createApp } = Vue;
    createApp({
      data() {
        return {
          selectedMusicType: '',                    //选择的音乐类型
          musicTypes: ['摇滚', '流行', '爵士', '古典']    //音乐类型数组
        };
      }
    }).mount('#app');
  </script>
</body>
```

在这个例子中，<select>元素使用 v-model 指令来绑定 selectedMusicType 数据属性，这样当用户从下拉菜单中选择一个选项时，selectedMusicType 的值会自动更新为所选选项的值。

小结

本章主要介绍了 Vue.js 中的表单控件绑定，包括对文本框、复选框、单选按钮和下拉菜单进行数据绑定。通过本章的学习，读者可以熟悉如何应用 v-model 指令进行表单元素的数据绑定，使表单操作更加容易。

上机指导

在页面中制作一个商品类别三级联动的下拉菜单，根据选择的商品大类显示对应的中等类别下拉菜单，再根据选择的中等类别显示对应的商品小类下拉菜单。程序运行效果如图 7-17 所示（实例位置：资源包\MR\上机指导\第 7 章\）。

图 7-17　商品类别三级联动的下拉菜单

开发步骤如下。

（1）创建 HTML 文件，在文件中使用 CDN 方式引入 Vue.js，代码如下。

```
<script src="https://unpkg.com/vue@3"></script>
```

（2）定义\<div\>元素，并设置其 id 属性值为 app，在该元素中定义 3 个下拉菜单，分别表示商品大类、中等类别和商品小类，代码如下。

```
<div id="app">
    <select v-model="large">
        <option value="">请选择</option>
        <option v-for="item in larges" v-bind:value="item">{{item}}</option>
    </select>
    <select v-model="medium">
        <option value="">请选择</option>
        <option v-for="item in mediums" v-bind:value="item">{{item}}</option>
    </select>
    <select v-model="small">
        <option value="">请选择</option>
        <option v-for="item in smalls" v-bind:value="item">{{item}}</option>
    </select>
</div>
```

（3）创建应用程序实例，在实例中分别定义数据、监听属性和计算属性，利用监听属性对中等类别下拉菜单或商品小类下拉菜单进行重置，利用计算属性获取商品大类，以及对应的中等类别和商品小类信息，代码如下。

```
<script type="text/javascript">
    const vm = Vue.createApp({
        data(){
            return {
                large : '',//商品大类
                medium : '',//中等类别
                small : '',//商品小类
                typeData : {
                    '家用电器' : {
                        '电视' : {
                            "游戏电视" : {},
                            "艺术电视" : {}
                        },
                        '冰箱' : {
                            '多门' : {},
                            '对开门' : {}
                        },
                        '洗衣机' : {
                            '滚筒洗衣机' : {},
                            '波轮洗衣机' : {}
                        }
                    },
                    '计算机办公' : {
                        '计算机整机' : {
```

```
                                '笔记本计算机' : {},
                                '台式机' : {}
                            },
                            '计算机配件':{
                                '显示器' : {},
                                '主板' : {},
                                '显卡' : {}
                            }
                        },
                        '家居家装' : {
                            '床上用品' : {
                                '床品四件套' : {},
                                '毛毯' : {}
                            },
                            '厨房卫浴' : {
                                '淋浴花洒' : {},
                                '厨卫挂件' : {}
                            }
                        }
                    }
                }
            },
    watch : {
        large : function(newValue,oldValue){
            if(newValue !== oldValue){
                this.medium = '';//选择不同商品大类时清空中等类别下拉菜单
            }
        },
        medium : function(newValue,oldValue){
                if(newValue !== oldValue){
                this.small = '';//选择不同中等类别时清空商品小类下拉菜单
            }
        }
    },
    computed : {
            larges : function(){//获取商品大类数组
                if(!this.typeData){
                    return;
                }
                var pArr = [];
                for(var key in this.typeData){
                    pArr.push(key);
                }
                return pArr;
            },
            mediums : function(){//获取选择的商品大类对应的中等类别数组
                if(!this.typeData || !this.large){
                    return;
                }
                var cArr = [];
                for(var key in this.typeData[this.large]){
```

```
                        cArr.push(key);
                    }
                    return cArr;
                },
                smalls : function(){//获取选择的中等类别对应的商品小类数组
                    if(!this.typeData || !this.medium){
                        return;
                    }
                    var dArr = [];
                    for(var key in this.typeData[this.large][this.medium]){
                        dArr.push(key);
                    }
                    return dArr;
                }
            }
        }).mount('#app');
</script>
```

习题

7-1 对复选框进行数据绑定分为两种情况，说出这两种情况的不同。

7-2 在单个复选框中，将值绑定到动态属性上需要应用复选框的哪两个属性？

7-3 Vue.js 为 v-model 指令提供了哪几个修饰符？

第8章 自定义指令

本章要点
- ❑ 注册全局自定义指令
- ❑ 钩子函数
- ❑ 注册局部自定义指令
- ❑ 自定义指令的绑定值

Vue.js 提供的内置指令有很多，如 v-for、v-if、v-model 等。在实现具体的业务逻辑时，应用这些内置指令并不能实现某些特定的功能，因此 Vue.js 也允许用户注册自定义指令，以便对 DOM 元素进行重复处理，提高代码的复用性。本章主要介绍 Vue.js 中自定义指令的注册和使用。

8.1 注册自定义指令

Vue.js 提供了注册自定义指令的方法，通过不同的方法可以注册全局自定义指令和局部自定义指令。下面分别进行介绍。

8.1.1 注册全局自定义指令

使用应用程序实例的 directive() 方法可以注册全局自定义指令，该方法可以接收两个参数：指令 ID 和定义对象。指令 ID 是指令的唯一标识，定义对象是定义的指令的钩子函数。

例如，注册一个全局自定义指令，应用该指令实现页面加载后，当输入框获得焦点时选中输入框的全部内容。示例代码如下。

注册全局自定义指令

```
<div id="app">
    请输入内容: <input v-select>
</div>
<script src="https://unpkg.com/vue@3"></script>
<script type="text/javascript">
    const vm = Vue.createApp({});
    vm.directive('select', {
        //当被绑定的元素挂载到 DOM 中时执行
        mounted: function(el){
            //元素获得焦点时，其内容全部被选中
            el.onfocus = function(){
                el.select();
            }
        }
    })
```

```
    })
    vm.mount('#app');
</script>
```

运行结果如图 8-1 所示。

图 8-1 输入框获得焦点时选中输入框的全部内容

上述代码中，select 是指令 ID，不包括 v-前缀，mounted()是定义对象中的钩子函数。该钩子函数表示，当被绑定元素挂载到 DOM 中，且元素获得焦点时，选中元素的全部内容。在注册全局自定义指令后，在被绑定元素中应用该指令即可实现相应的功能。

📖 说明：关于定义对象中钩子函数的详细介绍可参考 8.2 节。

8.1.2 注册局部自定义指令

注册局部自定义指令

使用组件实例中的 directives 选项可以注册局部自定义指令。例如，注册一个局部自定义指令，应用该指令实现为文字添加样式的功能。示例代码如下。

```
<style>
    .demo{
        width: 300px;                        /*设置宽度*/
        height:80px;                         /*设置高度*/
        line-height:80px;                    /*设置行高*/
        text-align: center;                  /*设置文本居中显示*/
        background-color: #0000FF;           /*设置背景颜色*/
        font-size: 26px;                     /*设置文字大小*/
        color: #FFFFFF;                      /*设置文字颜色*/
    }
</style>
<div id="app">
    <div v-add-style="demo">
        精诚所至，金石为开。
    </div>
</div>
<script src="https://unpkg.com/vue@3"></script>
<script type="text/javascript">
    const vm = Vue.createApp({
        data(){
            return {
                demo: 'demo'
            }
        },
        directives: {
            addStyle: {
                mounted: function (el,binding) {
```

自定义指令 第 8 章

```
                    el.className = binding.value;
                }
            }
        }
    })).mount('#app');
</script>
```

运行结果如图 8-2 所示。

图 8-2　为文字添加样式

上述代码中，在注册局部自定义指令时采用了小驼峰命名的方式，将自定义指令 ID 定义为 addStyle，而在元素中应用指令的写法为 v-add-style。在为局部自定义指令命名时建议采用这种方式。

8.2　钩子函数

钩子函数

在注册自定义指令的时候，可以传入定义对象，为指令赋予一些特殊的功能。定义对象可以提供的钩子函数如表 8-1 所示。

表 8-1　钩子函数

钩子函数	说明
beforeMount()	在指令第一次绑定到元素上并且在挂载到 DOM 之前调用，用这个钩子函数可以定义在绑定时执行一次的初始化设置
mounted()	被绑定元素挂载到 DOM 时调用
beforeUpdate()	在指令所在组件的 VNode 更新之前调用
updated()	在指令所在组件的 VNode 及其子组件的 VNode 全部更新后调用
beforeUnmount()	在绑定元素的父组件卸载之前调用
unmounted()	只调用一次，指令从元素上解绑且父组件已卸载时调用

这些钩子函数都是可选的。每个钩子函数都可以传入 el、binding 和 vnode 这 3 个参数，beforeUpdate()和 updated()钩子函数还可以传入 oldVnode 参数。这些参数的说明如下。

❑ el。指令所绑定的元素，可以用来直接操作 DOM。
❑ binding。一个对象，包含的属性如表 8-2 所示。

表 8-2　binding 参数包含的属性

属性	说明
instance	使用该指令的组件的实例
value	指令绑定的值。例如 v-my-directive="10"，value 是 10
oldValue	指令绑定的前一个值，仅在 beforeUpdate()和 updated()钩子函数中可用。无论值是否改变都可用

属性	说明
dir	注册指令时作为参数传递的对象
arg	传给指令的参数。例如 v-my-directive:tag，arg 是"tag"
modifiers	一个包含修饰符的对象。例如 v-my-directive.tag.bar，modifiers 是{ tag: true, bar: true }

❑ vnode。Vue 编译并生成的虚拟节点。

❑ oldVnode。上一个虚拟节点，仅在 beforeUpdate()和 updated()钩子函数中可用。

⚠ **注意**：除了 el 参数之外，其他参数都应该是只读的，切勿进行修改。

【例 8-1】 在页面中定义一张图片和一个文本框，在文本框中输入表示图片宽度的数字，实现为图片设置宽度的功能（实例位置：资源包\MR\源代码\第 8 章\8-1）。

实现代码如下。

```
<div id="app">
    图片宽度: <input type="text" v-model="width">
    <p>
        <img src="scenery.jpg" v-set-width="width">
    </p>
</div>
<script src="https://unpkg.com/vue@3"></script>
<script type="text/javascript">
    const vm = Vue.createApp({
        data(){
            return {
                width: ''
            }
        },
        directives: {
            setWidth: {
                updated: function (el,binding) {
                    el.style.width = binding.value + 'px';//设置图片宽度
                }
            }
        }
    }).mount('#app');
</script>
```

运行结果如图 8-3 所示。

图 8-3 设置图片宽度

有时，可能只需要使用 mounted()和 update()钩子函数，这时可以直接传入一个函数来代替定义对象。示例代码如下。

```
vm.directive('set-bgcolor', function (el, binding) {
    el.style.backgroundColor = binding.value;
})
```

【例 8-2】 在页面中定义 3 个下拉菜单和一行文字，通过第一个下拉菜单为文字设置大小，通过第二个下拉菜单为文字设置颜色，通过第 3 个下拉菜单为文字设置间距（实例位置：资源包\MR\源代码\第 8 章\8-2）。

实现代码如下。

```
<div id="app">
    文字大小: <select v-model="obj.size">
        <option value="">请选择</option>
        <option value="20px">20px</option>
        <option value="30px">30px</option>
        <option value="40px">40px</option>
    </select>
    文字颜色: <select v-model="obj.color">
        <option value="">请选择</option>
        <option value="red">红色</option>
        <option value="green">绿色</option>
        <option value="blue">蓝色</option>
    </select>
    文字间距: <select v-model="obj.spacing">
        <option value="">请选择</option>
        <option value="3px">小</option>
        <option value="6px">中</option>
        <option value="9px">大</option>
    </select>
    <p v-font-style="obj">书山有路勤为径，学海无涯苦作舟。</p>
</div>
<script src="https://unpkg.com/vue@3"></script>
<script type="text/javascript">
    const vm = Vue.createApp({
        data(){
            return {
                obj: {
                    size: '',
                    color: '',
                    spacing: ''
                }
            }
        },
        directives: {
            fontStyle: function(el,binding){
                el.style.fontSize = binding.value.size;//设置文字大小
                el.style.color = binding.value.color;//设置文字颜色
                el.style.letterSpacing = binding.value.spacing;//设置文字间距
            }
        }
```

```
    })).mount('#app');
</script>
```

运行结果如图 8-4 所示。

图 8-4　设置文字样式

8.3 自定义指令的绑定值

自定义指令的绑定值除了可以是 data 中的属性之外，还可以是任意合法的 JavaScript 表达式，如数值常量、字符串常量、对象字面量等。下面分别进行介绍。

8.3.1 绑定数值常量

自定义指令的绑定值可以是一个数值常量。例如，注册一个自定义指令，应用该指令设置定位元素的左侧位置，将该指令的绑定值设置为一个数值，该数值即被绑定元素到页面左侧的距离。示例代码如下。

绑定数值常量

```
<div id="app">
    <span v-set-position="100">
        目标越接近，困难越增加。
    </span>
</div>
<script src="https://unpkg.com/vue@3"></script>
<script type="text/javascript">
    const vm = Vue.createApp({
        directives: {
            setPosition: function (el,binding) {
                el.style.position = 'fixed';
                el.style.left = binding.value + 'px';
            }
        }
    })).mount('#app');
</script>
```

运行结果如图 8-5 所示。

图 8-5　设置文本与页面左侧的距离

8.3.2 绑定字符串常量

将自定义指令的绑定值设置为字符串常量时，需要使用单引号将该字符串引起来。例如，注册一个自定义指令，应用该指令设置文字的大小，将该指令的绑定值设置为字符串'30px'，该字符串即设置的文字大小。示例代码如下。

绑定字符串常量

```html
<div id="app">
    <p v-set-size="'30px'">
        业精于勤，荒于嬉。
    </p>
</div>
<script src="https://unpkg.com/vue@3"></script>
<script type="text/javascript">
    const vm = Vue.createApp({
        directives: {
            setSize: function (el,binding) {
                el.style.fontSize = binding.value;        //设置文字大小
            }
        }
    }).mount('#app');
</script>
```

运行结果如图8-6所示。

图8-6　设置文字大小

8.3.3 绑定对象字面量

如果指令需要多个值，可以传入一个对象字面量。注意，此时对象字面量不需要使用单引号引起来。例如，注册一个自定义指令，应用该指令设置文字的大小、颜色和字体粗细，将该指令的绑定值设置为对象字面量。示例代码如下。

绑定对象字面量

```html
<div id="app">
    <p v-set-style="{size : 26, color : 'blue', weight : 'bold'}">
        会当凌绝顶，一览众山小。
    </p>
</div>
<script src="https://unpkg.com/vue@3"></script>
<script type="text/javascript">
    const vm = Vue.createApp({
        directives: {
            setStyle: function (el,binding) {
                el.style.fontSize = binding.value.size + 'px';      //设置文字大小
```

```
                    el.style.color = binding.value.color;              //设置文字颜色
                    el.style.fontWeight = binding.value.weight;         //设置字体粗细
                }
            }
    }).mount('#app');
</script>
```

运行结果如图 8-7 所示。

图 8-7　设置文字样式

8.4　AIGC 辅助编程——设置图片的不透明度和元素的边框

在使用 Vue.js 中的自定义指令时，AIGC 工具可以提供有力的支持。下面介绍如何利用 AIGC 工具设置图片的不透明度和元素的边框，以巩固本章所学的知识。

8.4.1　设置图片的不透明度

在 AIGC 工具的输入框中输入"使用 Vue 3 的自定义指令设置图片的不透明度"，AIGC 工具会自动生成实例的实现方法。

首先需要创建一个 Vue 应用实例，并注册一个自定义指令，然后在 HTML 模板中使用这个指令。具体代码如下。

```
JavaScript 部分
const { createApp } = Vue;
const opacityDirective = {
  mounted(el, binding) {    //当绑定的元素被插入 DOM 中时，mounted()钩子函数被调用
    let opacity = binding.value;
    if (opacity < 0) opacity = 0;
    if (opacity > 1) opacity = 1;
    el.style.opacity = opacity;
  },
  updated(el, binding) {  //当绑定的元素所在组件的 VNode 更新时，updated()钩子函数被调用
    let opacity = binding.value;
    if (opacity < 0) opacity = 0;
    if (opacity > 1) opacity = 1;
    el.style.opacity = opacity;
  }
};
const app = createApp({
  //这里可以定义根组件的选项，但在这个例子中不需要定义
});
app.directive('opacity', opacityDirective);//注册自定义指令
app.mount('#app');
```

```
HTML 部分
<div id="app">
    <img src="path/to/your/image.jpg" v-opacity="0.5" alt="Example Image">
</div>
<!-- 引入你的 JavaScript 文件（如果你将上面的 JavaScript 代码放在一个单独的文件中） -->
<script src="path/to/your/javascript-file.js"></script>
```

这个例子创建了一个名为 opacityDirective 的自定义指令，并在 Vue 应用实例中将其全局注册，然后在 HTML 模板中使用 v-opacity 指令来设置图片的不透明度。

8.4.2 设置元素的边框

在 AIGC 工具的输入框中输入"使用 Vue 3 的自定义指令设置元素的边框"，AIGC 工具会自动生成实例的实现方法。

下面是一个简单的例子，它展示如何在 Vue 3 项目中创建一个自定义指令来设置 HTML 元素的边框。

1. 定义自定义指令

```
const borderDirective = {
  mounted(el, binding) { //当绑定元素被插入 DOM 中时, mounted()钩子函数被调用
    const { width = '1px', style = 'solid', color = 'black' } = binding.value || {};
    el.style.border = `${width} ${style} ${color}`;
  },
  updated(el, binding) { //当绑定的元素所在组件的 VNode 更新时, updated()钩子函数被调用
    const { width, style, color } = binding.value || {};
    el.style.border = `${width || '1px'} ${style || 'solid'} ${color || 'black'}`;
  }
};
```

2. 创建 Vue 应用并注册自定义指令

```
const { createApp } = Vue;
const App = {
  template: `
    <div>
      <h1 v-border="{ width: '2px', style: 'dashed', color: 'red' }">Hello, Vue 3
with Custom Directive!</h1>
    </div>
  `
};
const app = createApp(App);
app.directive('border', borderDirective); //注册自定义指令
app.mount('#app');
```

3. 在 HTML 文件中设置挂载点

```
<div id="app"></div>
<script>
//这里可以直接包含上面的 JavaScript 代码
</script>
```

现在，当打开 HTML 文件时，可以看到一个带有红色虚线边框的<h1>元素，这是由自定义指令 v-border 设置的。

小结

本章主要介绍了 Vue.js 中自定义指令的注册和使用，包括注册全局自定义指令和局部自定义指令的方法，以及定义对象中的钩子函数。通过本章的学习，读者可以更深入地了解指令在 Vue.js 中起到的作用。

上机指导

应用自定义指令实现页面中的元素可以被随意拖动的效果。运行程序，页面左上角会显示一张图片，效果如图 8-8 所示；将其拖动到页面中的任意位置，结果如图 8-9 所示（实例位置：资源包\MR\上机指导\第 8 章\）。

图 8-8　图片初始位置　　　　　　　　图 8-9　将图片拖动到其他位置

开发步骤如下。

（1）创建 HTML 文件，在文件中使用 CDN 方式引入 Vue.js，代码如下。

```
<script src="https://unpkg.com/vue@3"></script>
```

（2）定义\<div\>元素，并设置其 id 属性值为 app，在该元素中定义一张图片，并在图片上应用自定义指令 v-move，代码如下。

```
<div id="app">
    <img src="volleyball.jpg" v-move>
</div>
```

（3）编写 CSS 代码，为图片设置定位属性，代码如下。

```
<style>
    img{
        position:absolute;/*设置绝对定位*/
    }
</style>
```

（4）创建应用程序实例，在实例中应用 directives 选项注册一个局部自定义指令，在指令函数中应用 onmousedown、onmousemove 和 onmouseup 事件实现元素在页面中被随意拖动的效果，代码如下。

```
<script type="text/javascript">
    const vm = Vue.createApp({
        directives: {
            move: function (el) {
```

```
                    //按下鼠标左键
                    el.onmousedown = function(e) {
                        var initX = el.offsetLeft;
                        var initY = el.offsetTop;
                        var offsetX = e.clientX - initX;
                        var offsetY = e.clientY - initY;
                        //移动鼠标
                        document.onmousemove = function(e) {
                            var x = e.clientX - offsetX;
                            var y = e.clientY - offsetY;
                            var maxX = document.documentElement.clientWidth - el.offsetWidth;
                            var maxY = document.documentElement.clientHeight - el.offsetHeight;
                            if(x <= 0)  x = 0;
                            if(y <= 0)  y = 0;
                            if(x >= maxX)  x = maxX;
                            if(y >= maxY)  y = maxY;
                            el.style.left = x + "px";
                            el.style.top = y + "px";
                            return false;
                        }
                    }
                    //松开鼠标左键
                    document.onmouseup = function() {
                        document.onmousemove = null;
                    }
                }
            }
    }).mount('#app');
</script>
```

习题

8-1 注册自定义指令有几种方法，说出这几种方法的不同之处。

8-2 列举 3 个定义对象中的钩子函数，并说明它们的作用。

8-3 列举自定义指令的绑定值的几种形式。

第**9**章 组件

本章要点
- ❑ 注册全局组件和局部组件
- ❑ 在组件中使用自定义事件
- ❑ 动态组件的使用
- ❑ 应用 Prop 实现数据传递
- ❑ 内容分发

组件（Component）是 Vue.js 最强大的功能之一。它可以封装可复用的代码，再将封装好的代码注册成标签，以扩展 HTML 元素的功能。几乎任意类型的应用界面都可以抽象为一个组件树，而组件树可以用独立、可复用的组件来构建。本章主要介绍 Vue.js 中的组件。

9.1 注册组件

在使用组件之前，需要将组件注册到应用中。Vue.js 提供了两种注册方式，分别是全局注册和局部注册，下面进行介绍。

注册全局组件

9.1.1 注册全局组件

全局注册的组件也叫全局组件。注册全局组件的语法格式如下。

```
vm.component(tagName, options)
```

该方法中的两个参数说明如下。

- ❑ tagName：表示定义的组件名称。组件的命名建议遵循 W3C 规范中的自定义组件命名方式，即字母全部小写并包含一个连字符 "-"。
- ❑ options：表示组件的选项对象。因为组件是可复用的 Vue 实例，所以它们与 Vue 实例一样接收相同的选项，例如 data、computed、watch、methods 及生命周期钩子函数等。

在注册组件后，组件以自定义元素的形式进行使用。使用组件的方式如下。

```
<tagName></tagName>
```

例如，注册一个简单的全局组件。示例代码如下。

```
<div id="app">
    <demo></demo>
</div>
<script src="https://unpkg.com/vue@3"></script>
<script type="text/javascript">
    const vm = Vue.createApp({});
    //注册全局组件
    vm.component('demo', {
    template : '<h2>天才出于勤奋</h2>'
```

```
        });
        vm.mount('#app');
</script>
```

运行结果如图 9-1 所示。

图 9-1　输出全局组件

📖 **说明**：template 选项用于定义组件的模板（组件的内容）。在使用组件时，组件所在位置的内容将被替换为 template 选项的内容。

组件的模板只能有一个根元素。如果模板内容中有多个元素，可以将模板的内容包含在一个根元素内。示例代码如下。

```
<div id="app">
    <demo></demo>
</div>
<script src="https://unpkg.com/vue@3"></script>
<script type="text/javascript">
    const vm = Vue.createApp({});
    //注册全局组件
    vm.component('demo', {
        template :`<div>
                <p>静夜思</p>
                <div>床前明月光，</div>
                <div>疑是地上霜。</div>
                <div>举头望明月，</div>
                <div>低头思故乡。</div>
            </div>`
    });
    vm.mount('#app');
</script>
```

运行结果如图 9-2 所示。

图 9-2　输出模板中的多个元素

在组件的实例中可以使用 data 选项定义数据。示例代码如下。

```
<div id="app">
    <count-button></count-button>
    <count-button></count-button>
    <count-button></count-button>
</div>
<script src="https://unpkg.com/vue@3"></script>
<script type="text/javascript">
    const vm = Vue.createApp({});
    //注册全局组件
    vm.component('count-button', {
        data(){
            return {
                count : 0
            }
        },
        template : '<button v-on:click="count++">{{count}}</button>'
    });
    vm.mount('#app');
</script>
```

上述代码中定义了 3 个相同的按钮组件。当单击某个按钮时，每个组件都会改变其 count 属性值，因此单击一个按钮时其他按钮不会受到影响。运行结果如图 9-3 所示。

图 9-3　输出单击按钮的次数

9.1.2　注册局部组件

注册局部组件

使用应用程序实例中的 components 选项可以注册局部组件。对 components 对象中的每个属性来说，其属性名就是组件的名称，其属性值就是这个组件 的选项对象。例如，注册一个简单的局部组件。示例代码如下。

```
<div id="app">
    <demo></demo>
</div>
<script src="https://unpkg.com/vue@3"></script>
<script type="text/javascript">
    const vm = Vue.createApp({
        //注册局部组件
        components : {
            'demo' : {
                template : '<h2>天下本无事，庸人自扰之。</h2>'
            }
        }
    }).mount('#app');
</script>
```

运行结果如图 9-4 所示。

图 9-4　输出局部组件

局部组件只能在其父组件中使用，而无法在其他组件中使用。例如，有两个局部组件 componentA 和 componentB，如果希望 componentA 在 componentB 中可用，则需要将 componentA 定义在 componentB 的 components 选项中。示例代码如下。

```
<div id="app">
    <parent></parent>
</div>
<script src="https://unpkg.com/vue@3"></script>
<script type="text/javascript">
    var Child = {
        template : '<h2>人不学，不知道。</h2>'
    }
    var Parent = {
        template : `<div>
            <h2>玉不琢，不成器。</h2>
            <child></child>
        </div>`,
        components : {
            'child' : Child
        }
    }
    const vm = Vue.createApp({
        //注册局部组件
        components : {
            'parent' : Parent
        }
    }).mount('#app');
</script>
```

运行结果如图 9-5 所示。

图 9-5　输出注册的父组件和子组件

9.2 数据传递

9.2.1 什么是 Prop

因为组件实例的作用域是孤立的，所以子组件的模板无法直接引用父组

什么是 Prop

件的数据。如果想要实现父子组件之间数据的传递，需要定义 Prop。Prop 是父组件用来传递数据的一个自定义属性，需要定义在组件选项对象的 props 选项中。利用 props 选项中定义的属性可以将父组件的数据传递给子组件，而子组件需要显式地用 props 选项来声明 Prop。示例代码如下。

```
<div id="app">
    <demo text="黑夜无论怎样悠长，白昼总会到来。"></demo>
</div>
<script src="https://unpkg.com/vue@3"></script>
<script type="text/javascript">
    const vm = Vue.createApp({
        //注册局部组件
        components : {
            'demo': {
                props : ['text'],                        //传递 Prop
                template : '<h3>{{text}}</h3>'
            }
        }
    }).mount('#app');
</script>
```

运行结果如图 9-6 所示。

图 9-6　输出传递的数据

📖 说明：（1）一个组件默认可以拥有任意数量的 Prop，任何值都可以传递给任何 Prop。
（2）由于 HTML 中的属性是不区分大小写的，因此浏览器会把所有大写字符解释为小写字符。如果在调用组件时使用了以小驼峰式命名的属性，那么 props 中的名称需要全部小写。如果 props 中的命名采用的是小驼峰的方式，那么在调用组件的标签中需要使用与其等价的短横线分隔方式来命名属性。

9.2.2　传递动态 Prop

除了上述示例中传递静态数据的方式外，也可以通过 v-bind 指令将父组件中的数据传递给子组件。每当父组件的数据发生变化时，子组件会随之变化。通过这种方式传递的数据叫动态 Prop。

传递动态 Prop

【例 9-1】 应用动态 Prop 传递数据，输出商品的图片、名称和类型等信息（实例位置：资源包\MR\源代码\第 9 章\9-1）。

实现代码如下。

```
<div id="app">
    <my-movie :img="imgUrl" :name="name" :star="star"></my-movie>
</div>
<script src="https://unpkg.com/vue@3"></script>
```

```
<script type="text/javascript">
    const vm = Vue.createApp({
        data(){
            return {
                imgUrl: 'robot.jpg',
                name: '米家小米扫地机器人',
                star: '家用电器'
            }
        }
    });
    //注册全局组件
    vm.component('my-movie', {
        props : ['img','name','star'],//传递动态 Prop
        template : '<div>
            <img :src="img">
            <div class="goods_name">商品名称：{{name}}</div>
            <div class="goods_star">商品类型：{{star}}</div>
        </div>'
    });
    vm.mount('#app');
</script>
```

运行结果如图 9-7 所示。

图 9-7　输出商品信息

> 📖 **说明**：使用 Prop 传递的数据除了可以是数值和字符串类型，还可以是数组或对象类型。如果 Prop 传递的是一个对象或数组，那么它是按引用传递的，在子组件内修改这个对象或数组本身将会影响父组件的状态。

9.2.3　Prop 验证

组件可以为 Prop 指定验证要求。当开发一个可以让他人使用的组件时，这可以让使用者更加准确地使用组件。使用验证的时候，Prop 接收的参数是一个对象，而不是一个字符串数组。例如，props:{a:Number}表示验证参数 a 为 Number 类型，如果调用该组件时传入的 a 为 Number 以外的类型，则会抛出异常。Vue.js 提供的 Prop 验证方式有多种，下面分别进行介绍。

Prop 验证

（1）允许参数为指定的一种类型，示例代码如下。

```
props : {
  propA : String
}
```

上述代码表示参数 propA 允许的类型为字符串类型。可以接收的参数类型为 String、Number、Boolean、Array、Object、Date、Function、Symbol。也可以接收 null 和 undefined，表示任意类型均可。

（2）允许参数为多种类型之一，示例代码如下。

```
props : {
  propB : [String, Number]
}
```

上述代码表示参数 propB 可以是字符串类型或数值类型。

（3）参数必须有值且为指定的类型，示例代码如下。

```
props : {
  propC : {
      type : String,
      required : true
  }
}
```

上述代码表示参数 propC 必须有值且为字符串类型。

（4）参数具有默认值，示例代码如下。

```
props : {
  propD : {
      type : Number,
      default : 100
  }
}
```

上述代码表示参数 propD 为数值类型，默认值为 100。需要注意的是，如果参数类型为数组或对象，则其默认值需要通过函数返回值的形式设置。示例代码如下。

```
props : {
  propD : {
      type : Object,
      default : function(){
          return {
              message : 'hello'
          }
      }
  }
}
```

（5）根据自定义验证函数验证参数的值是否符合要求，示例代码如下。

```
props : {
  propE : {
      validator : function(value){
          return value > 0;
      }
  }
}
```

上述代码表示参数 propE 的值必须大于 0。

组件 / 第9章

对组件中传递的数据进行 Prop 验证的示例代码如下。

```html
<div id="app">
    <my-demo :name="'张三'" :age=26></demo>
</div>
<script src="https://unpkg.com/vue@3"></script>
<script type="text/javascript">
    const vm = Vue.createApp({});
    vm.component('my-demo',{
        props: {
            //检测是否有值且为字符串类型
            name: {
                type: String,
                required: true
            },
            //检测是否为字符串类型且默认值为男
            sex: {
                type: String,
                default: '男'
            },
            //检测是否为数值类型并且值是否大于或等于18
            age: {
                type: Number,
                validator: function (value) {
                    return value >= 18
                }
            },
            //检测是否为数组类型且有默认值
            interest: {
                type: Array,
                default: function () {
                    return ['运动','旅游','看电影']
                }
            },
            //检测是否为对象类型且有默认值
            contact: {
                type: Object,
                default: function () {
                    return {
                        address: '吉林省长春市',
                        tel: '166****7656'
                    }
                }
            }
        },
        template: `<div>
            <p>姓名: {{ name }}</p>
            <p>性别: {{ sex }}</p>
            <p>年龄: {{ age }}</p>
            <p>兴趣爱好: {{ interest.join('、') }}</p>
            <p>联系地址: {{ contact.address }}</p>
            <p>联系电话: {{ contact.tel }}</p>
```

```
            </div>`
    });
    vm.mount('#app');
</script>
```

运行结果如图9-8所示。

图9-8　对传递的数据进行验证

⚠ 注意：在开发环境中，如果Prop验证失败，控制台将显示警告信息。

9.3 自定义事件

父组件使用Prop为子组件传递数据，但如果子组件要把数据传递回去，就需要使用自定义事件来实现。下面介绍组件的自定义事件的处理。

9.3.1 自定义事件的监听和触发

父组件可以像处理原生DOM事件一样，通过v-on指令监听子组件实例的自定义事件，而子组件可以通过调用内建的$emit()方法并传入事件名称来触发自定义事件。

$emit()方法的语法格式如下。

```
vm.$emit(eventName, [...args])
```

参数说明如下。

❑ eventName：事件名称。

❑ [...args]：触发事件传递的参数，该参数是可选的。

下面通过一个实例来说明自定义事件的监听和触发。

【例9-2】 在页面中定义一个按钮和一行文本，利用单击按钮实现设置文本间距的功能（实例位置：资源包\MR\源代码\第9章\9-2）。

实现代码如下。

```
<div id="app">
    <div v-bind:style="{letterSpacing: spacing}">
        <my-text v-bind:text="text" v-on:setspacing="spacing = '5px'"></my-text>
    </div>
</div>
```

```
<script src="https://unpkg.com/vue@3"></script>
<script type="text/javascript">
    const vm = Vue.createApp({
        data(){
            return {
                text : '路在脚下，勇往直前，追求卓越，成就梦想。',
                spacing : ''
            }
        }
    });
    //注册全局组件
    vm.component('my-text', {
        props : ['text'],
        template : `<div>
            <button v-on:click="action">设置文本间距</button>
            <p>{{text}}</p>
        </div>`,
        methods : {
            action : function(){
                this.$emit('setspacing');
            }
        }
    })
    vm.mount('#app');
</script>
```

运行结果如图 9-9 所示。

图 9-9　利用单击按钮设置文本间距

有时需要在自定义事件中传递一个特定的值，这时可以使用$emit()方法的第二个参数来实现。在父组件监听这个事件的时候，可以通过$event 访问传递的这个值。

例如，对例 9-2 中的代码进行修改，实现单击"设置文本间距"按钮，将文本间距设置为10px，修改后的代码如下。

```
<div id="app">
    <div v-bind:style="{letterSpacing: spacing}">
        <my-text v-bind:text="text" v-on:setspacing="spacing = $event"></my-text>
    </div>
</div>
<script src="https://unpkg.com/vue@3"></script>
<script type="text/javascript">
    const vm = Vue.createApp({
        data(){
            return {
                text : '路在脚下，勇往直前，追求卓越，成就梦想。',
                spacing : ''
            }
```

```
        }
    });
    //注册全局组件
    vm.component('my-text', {
        props : ['text'],
        template : `<div>
            <button v-on:click="action('10px')">设置文本间距</button>
            <p>{{text}}</p>
          </div>`,
        methods : {
            action : function(par){
                this.$emit('setspacing',par);
            }
        }
    })
    vm.mount('#app');
</script>
```

在父组件监听自定义事件的时候，如果事件处理程序是一个方法，那么通过$emit()方法传递的参数将会作为第一个参数传入这个方法。下面通过一个实例来说明。

【例9-3】 在页面中制作一个简单的导航菜单（实例位置：资源包\MR\源代码\第9章\9-3）。实现代码如下。

```
<div id="app">
    <my-menu @select-item="onSelectItem" :flag="flag"></my-menu>
</div>
<script src="https://unpkg.com/vue@3"></script>
<script type="text/javascript">
const vm = Vue.createApp({
    data(){
        return {
            flag : 1
        }
    },
    methods: {
        onSelectItem : function(value){
        this.flag = value
        }
    }
})
//注册全局组件
vm.component('my-menu', {
    props : ['flag'],
    template : `<div class="nav">
        <span @click="select(1)" :class="{active: flag===1}">首页</span>
        <span @click="select(2)" :class="{active: flag===2}">课程</span>
        <span @click="select(3)" :class="{active: flag===3}">读书</span>
        <span @click="select(4)" :class="{active: flag===4}">论坛</span>
      </div>`,
    methods: {
    select (value) {
            this.$emit('select-item', value)
        }
    }
})
```

```
vm.mount('#app');
</script>
```

运行结果如图 9-10 和图 9-11 所示。

图 9-10　页面初始效果

图 9-11　选择其他菜单的效果

9.3.2　将原生事件绑定到组件

将原生事件绑定
到组件

在 Vue 3.0 之前，如果想让某个组件监听一个原生事件，可以使用 v-on 指令的.native 修饰符。而 Vue 3.0 中删除了 v-on 指令的.native 修饰符，Vue 3.0 会将子组件中自定义事件以外的所有事件监听器作为原生事件添加到子组件的根元素上。例如，在组件的根元素上监听 mouseover 和 mouseout 事件，当鼠标指针移入文本时将文本设置为粗体，当鼠标指针移出文本时使文本恢复为原来的样式，代码如下。

```
<div id="app">
    <demo :style="show" v-on:mouseover ="setWeight('bold')" v-on:mouseout ="setWeight
('')"></demo>
</div>
<script src="https://unpkg.com/vue@3"></script>
<script type="text/javascript">
    const vm = Vue.createApp({
        data(){
            return {
                size : '20px',
                weight : '',
                cursor : 'pointer'
            }
        },
        methods : {
            setWeight : function(value){
                this.weight = value;
            }
        },
        computed : {
            show : function(){
                return {
                    fontSize : this.size,
                    fontWeight : this.weight,
                    cursor : this.cursor
                }
            }
        }
    });
    //注册全局组件
    vm.component('demo', {
        template : '<span>非淡泊无以明志，非宁静无以致远。</span>'
```

```
    })
    vm.mount('#app');
</script>
```

运行结果如图 9-12 所示。

图 9-12　文本粗体效果

9.4　内容分发

在实际开发中，子组件往往只提供基本的交互功能，而内容由父组件提供。因此，Vue.js 提供了一种混合父组件内容和子组件模板的方式，这种方式称为内容分发。下面介绍内容分发的相关知识。

9.4.1　基础用法

基础用法

Vue.js 参照当前 Web Components 规范草案实现了一套内容分发 API，使用<slot>元素作为原始内容的插槽。下面通过一个示例说明内容分发的基础用法，代码如下。

```
<div id="app">
    <demo-slot>
        {{msg}}
    </demo-slot>
</div>
<script src="https://unpkg.com/vue@3"></script>
<script type="text/javascript">
    const vm = Vue.createApp({
        data(){
            return {
                msg : '真诚是一种心灵的开放。'
            }
        }
    });
    //注册全局组件
    vm.component('demo-slot', {
        template: `<div class="content">
            <slot></slot>
        </div>`
    })
    vm.mount('#app');
</script>
```

运行结果如图 9-13 所示。

组件 / 第9章

图 9-13　输出父组件中的内容

上述代码的渲染结果如下。

```
<div class="content">
    真诚是一种心灵的开放
</div>
```

从渲染结果可以看出，父组件中的内容{{msg}}会代替子组件中的<slot>元素，这样就可以在不同地方使用子组件的结构并填充不同的父组件内容，从而提高组件的复用性。

📖 **说明：** 如果组件中没有<slot>元素，则该组件起始标签和结束标签之间的所有内容都会被抛弃。

9.4.2　编译作用域

在上一小节的示例代码中，在父组件中调用了<demo-slot>组件，并绑定了父组件中的数据 msg。其中的 msg 只能在父组件的作用域中进行解析，而不能在<demo-slot>组件的作用域中进行解析。也就是说，父组件模板里的所有内容都是在父组件的作用域中编译的，子组件模板里的所有内容都是在子组件的作用域中编译的。例如，下面这个父组件模板是不会输出任何内容的，代码如下。

编译作用域

```
<div id="app">
    <demo-slot>
        {{msg}}
    </demo-slot>
</div>
<script src="https://unpkg.com/vue@3"></script>
<script type="text/javascript">
    const vm = Vue.createApp({});
    //注册全局组件
    vm.component('demo-slot', {
        data(){
            return {
                msg : '真诚是一种心灵的开放。'
            }
        },
        template: `<div class="content">
            <slot></slot>
        </div>`
    })
    vm.mount('#app');
</script>
```

上述代码的渲染结果如下。

```
<div class="content">

</div>
```

9.4.3　默认内容

有时需要为插槽设置默认内容，该默认内容只会在组件没有提供内容时被渲染。如果组件提供了内容，则提供的内容将会替代默认内容从而被渲染。示例代码如下。

```
<div id="app">
    <my-checkbox>{{text}}</my-checkbox>
</div>
<script src="https://unpkg.com/vue@3"></script>
<script type="text/javascript">
const vm = Vue.createApp({
        data(){
            return {
                text : '已阅读并同意服务条款'
            }
        }
});
//注册全局组件
vm.component('my-checkbox', {
    template: `<div>
        <input type="checkbox">
    <slot>阅读并同意服务条款</slot>
    </div>`
})
    vm.mount('#app');
</script>
```

上述代码中，定义的默认内容为"阅读并同意服务条款"。在父组件中使用了组件<my-checkbox>并且提供了内容"已阅读并同意服务条款"，因此在渲染结果中该内容会替代默认内容"阅读并同意服务条款"，运行结果如图9-14所示。

图 9-14　用提供的内容替代默认内容

9.4.4　命名插槽

如果要在组件模板中使用多个插槽，就需要用到<slot>元素的 name 属性，通过这个属性可以为插槽命名。在向命名的插槽提供内容时，可以在<template>元素中使用 v-slot 指令，将插槽的名称作为 v-slot 指令的参数。这样，<template>元素中的所有内容都将会被传入相应的插槽，示例代码如下。

```
<div id="app">
    <demo-slot>
        <!--v-slot 指令的参数需要与子组件中<slot>元素的 name 属性值匹配-->
        <template v-slot:name>
            <div>商品名称：{{name}}</div>
```

```
            </template>
            <template v-slot:size>
                <div>屏幕尺寸: {{size}}</div>
            </template>
            <template v-slot:price>
                <div>商品价格: {{price}}元</div>
            </template>
        </demo-slot>

</div>
<script src="https://unpkg.com/vue@3"></script>
<script type="text/javascript">
    const vm = Vue.createApp({
        data(){
            return {
                name : '戴尔（DELL）Pro 灵越 15 大屏轻薄本',
                size : '15.6英寸',
                price : 3699
            }
        }
    });
    //注册全局组件
    vm.component('demo-slot', {
        template: `<div>
        <div class="name">
                <slot name="name"></slot>
        </div>
        <div class="size">
                <slot name="size"></slot>
        </div>
        <div class="price">
                <slot name="price"></slot>
        </div>
    </div>`
    })
    vm.mount('#app');
</script>
```

运行结果如图 9-15 所示。

图 9-15　输出组件内容

实现代码如下。

未设置 name 属性的插槽称为默认插槽，它有一个隐含的 name 属性值 default。如果有些内容没有被包含在带有 v-slot 指令的<template>元素中，则这部分内容会被视为默认插槽的内容。下面通过一个实例来说明默认插槽的用法。

【例 9-4】　在页面中输出个人信息，包括姓名、性别、年龄、职位和兴趣爱好，并将姓名作为默认插槽的内容（实例位置：资源包\MR\源代码\第 9 章\9-4）。

```
<div id="app">
    <demo-slot>
        姓名: {{name}}<!--默认插槽的内容-->
        <template v-slot:sex>
            性别: {{sex}}
        </template>
```

```
            <template v-slot:age>
                年龄：{{age}}
            </template>
            <template v-slot:position>
                职位：{{position}}
            </template>
            <template v-slot:interest>
                兴趣爱好：{{interest}}
            </template>
        </demo-slot>
    </div>
    <script src="https://unpkg.com/vue@3"></script>
    <script type="text/javascript">
        const vm = Vue.createApp({
            data(){
                return {
                    name : '王五', //姓名
                    sex : '男', //性别
                    age : 30,   //年龄
                    position : '项目经理', //职位
                    interest : '阅读、运动、听音乐', //兴趣爱好
                }
            }
        });
        //注册全局组件
        vm.component('demo-slot', {
            template: `<div>
                <div class="name">
                    <slot></slot>
                </div>
                <div class="sex">
                    <slot name="sex"></slot>
                </div>
                <div class="age">
                    <slot name="age"></slot>
                </div>
                <div class="position">
                    <slot name="position"></slot>
                </div>
                <div class="interest">
                    <slot name="interest"></slot>
                </div>
            </div>`
        })
        vm.mount('#app');
    </script>
```

运行结果如图 9-16 所示。

图 9-16　输出个人信息

为了使代码看起来更清晰明了，可以将默认插槽的内容用<template>元素包含起来。例如，将例9-4中默认插槽的内容包含在<template>元素中的代码如下。

```
<template v-slot:default>
    姓名：{{name}}
</template>
```

9.4.5 作用域插槽

有时需要使插槽内容能够访问子组件中才有的数据。为了让子组件中的数据在父组件的插槽内容中可用，可以将子组件中的数据作为<slot>元素的属性并对其进行绑定。绑定在<slot>元素上的属性被称为插槽 Prop。在父组件的作用域中，可以为 v-slot 设置一个包含所有插槽 Prop 的对象的名称。示例代码如下。

作用域插槽

```
<div id="app">
    <demo-slot>
        <template v-slot:default="slotProps">
            人物姓名：{{slotProps.pname}}<br>
            代表作品：{{slotProps.works}}
        </template>
    </demo>
</div>
<script src="https://unpkg.com/vue@3"></script>
<script type="text/javascript">
    const vm = Vue.createApp({});
    //注册全局组件
    vm.component('demo-slot', {
        data(){
            return {
                pname : "李白",
                works : "静夜思、望庐山瀑布"
            }
        },
        template: `<span>
            <slot v-bind:pname="pname" v-bind:works="works"></slot>
        </span>`,
    })
    vm.mount('#app');
</script>
```

运行结果如图 9-17 所示。

图 9-17 输出组件内容

上述代码中，将子组件中的数据 pname 和 works 作为<slot>元素绑定的属性，然后在父组件的作用域中，为 v-slot 设置包含所有插槽 Prop 的对象名称为 slotProps，再通过{{slotProps.pname}}

和{{slotProps.works}}访问子组件中的数据 pname 和 works。

当被提供的内容只有默认插槽时，组件的标签可以作为插槽的模板来使用。这样就可以把 v-slot 直接用在组件上。例如，上述示例中使用组件的代码可以简写为：

```
<demo-slot v-slot:default="slotProps">
        人物姓名：{{slotProps.pname}}<br>
        代表作品：{{slotProps.works}}
</demo>
```

【例 9-5】 在页面中输出一个人物信息列表，包括编号、姓名、性别、年龄和职业（实例位置：资源包\MR\源代码\第 9 章\9-5）。

实现代码如下。

```
<div id="app">
    <my-list :items="users" odd-bgcolor="#D3DDE6" even-bgcolor="#E5E6F6">
        <template v-slot:default="slotProps">
            <span>{{users[slotProps.index].id}}</span>
            <span>{{users[slotProps.index].name}}</span>
            <span>{{users[slotProps.index].sex}}</span>
            <span>{{users[slotProps.index].age}}</span>
            <span>{{users[slotProps.index].profession}}</span>
        </template>
    </my-list>
</div>
<script src="https://unpkg.com/vue@3"></script>
<script type="text/javascript">
const vm = Vue.createApp({
    data(){
        return {
            users: [//人物信息数组
                {id: 1, name: 'Tony', sex: '男', age: 20, profession: '歌手'},
                {id: 2, name: 'Kelly', sex: '女', age: 22, profession: '演员'},
                {id: 3, name: 'Alice', sex: '女', age: 23, profession: '教师'},
                {id: 4, name: 'John', sex: '男', age: 26, profession: '会计'},
                {id: 5, name: 'Smith', sex: '男', age: 25, profession: '摄影师'}
            ]
        }
    }
});
//注册全局组件
vm.component('my-list', {
    template: `<div class="box">
        <div>
            <span>编号</span>
            <span>姓名</span>
            <span>性别</span>
            <span>年龄</span>
            <span>职业</span>
        </div>
        <div v-for="(item, index) in items" :style="index % 2 === 0 ?
'background:'+oddBgcolor : 'background:'+evenBgcolor">
            <slot :index="index"></slot>
        </div>
```

```
        </div>`,
    props: {
      items: Array,
      oddBgcolor: String,
      evenBgcolor: String
    }
  })
  vm.mount('#app');
</script>
```

运行结果如图 9-18 所示。

图 9-18　输出人物信息列表

9.5　动态组件

基础用法

9.5.1　基础用法

Vue.js 提供了对动态组件的支持。在使用动态组件时，多个组件使用同一
挂载点，并根据条件在不同组件之间进行动态切换。使用 Vue.js 中的
<component>元素，将 Vue 实例中的数据动态绑定到它的 is 属性上，<component>元素会根据 is
属性的值来判断使用哪个组件。

动态组件经常应用在路由控制或选项卡切换中。下面通过一个选项卡切换的实例来说明
动态组件的基础用法。

【例 9-6】　应用动态组件实现手机数码产品分类和计算机办公产品分类之间的切换（实例位
置：资源包\MR\源代码\第 9 章\9-6）。

实现代码如下。

```
<div id="app">
    <div class="box">
        <div class="top">
            <ul class="tabs">
                <li :class="{active : active}" v-on:mouseover="toggleAction('mobile')" >
手机数码</li>
                <li :class="{active : !active}" v-on:mouseover="toggleAction('computer')">
计算机办公</li>
            </ul>
        </div>
        <component :is="current" :mobile="mobile" :computer="computer"></component>
    </div>
```

```
    </div>
    <script src="https://unpkg.com/vue@3"></script>
    <script type="text/javascript">
        const vm = Vue.createApp({
            data(){
                return {
                    active : true,
                    current : 'mobile',
                    mobile : [//手机数码产品分类数组
                        '手机通信',
                        '手机配件',
                        '摄影摄像',
                        '数码配件',
                        '影音娱乐',
                        '智能设备',
                        '电子教育'
                    ],
                    computer : [//计算机办公产品分类数组
                        '计算机整机',
                        '计算机配件',
                        '外设产品',
                        '游戏设备',
                        '网络产品',
                        '办公设备',
                        '财务办公'
                    ]
                }
            },
            methods : {
                toggleAction : function(value){
                    this.current=value;
                    value == 'mobile' ? this.active = true : this.active = false;
                }
            },
            //注册局部组件
            components : {
                mobile : {
                    props : ['mobile'],//传递 Prop
                    template : `<ul class="main"><li v-for="item in mobile">
                        {{item}}
                      </li></ul>`
                },
                computer : {
                    props : ['computer'],//传递 Prop
                    template : `<ul class="main"><li v-for="item in computer">
                        {{item}}
                       </li></ul>`
                }
            }
        }).mount('#app');
    </script>
```

运行结果如图 9-19 和图 9-20 所示。

图 9-19 输出"手机数码"选项卡中的内容　　　图 9-20 输出"计算机办公"选项卡中的内容

9.5.2 <keep-alive>元素

在多个组件之间进行切换的时候，有时需要保持这些组件的状态，并将切换后的状态保留在内存中，以避免重复渲染。为了解决这个问题，可以用<keep-alive>元素将动态组件包含起来。

下面通过一个实例来说明如何应用<keep-alive>元素实现组件缓存的效果。

<keep-alive>元素

【例 9-7】应用动态组件实现文字选项卡的切换，并实现选项卡内容的缓存效果（实例位置：资源包\MR\源代码\第 9 章\9-7）。

实现代码如下。

```html
<div id="app">
    <div class="tab">
        <ul class="tab-nav" :class="current">
            <li class="phone" v-on:click="current='phone'">手机</li>
            <li class="computer" v-on:click="current='computer'">计算机</li>
            <li class="electrical" v-on:click="current='electrical'">家电</li>
        </ul>
        <keep-alive>
            <component :is="current"></component>
        </keep-alive>
    </div>
</div>
<script src="https://unpkg.com/vue@3"></script>
<script type="text/javascript">
    const vm = Vue.createApp({
        data(){
            return {
                current : 'phone'
            }
        },
        components : {
            phone : {
                data : function(){
                    return {
                        subcur : 'communicate'
                    }
                },
                template : `<div class="sub">
                  <div class="submenu">
                    <ul :class="subcur">
                        <li class="communicate" v-on:click="subcur='communicate'">手
机通信</li>
                        <li class="accessory" v-on:click="subcur='accessory'">手机配
件</li>
```

```
                        <li class="camera" v-on:click="subcur='camera'">摄影摄像</li>
                    </ul>
                </div>
                <component :is="subcur"></component>
            </div>`,
            components : {//注册子组件
                communicate : {
                    template : '<div>游戏手机、拍照手机、学习手机</div>',
                },
                accessory : {
                    template : '<div>手机壳、数据线、充电器</div>',
                },
                camera : {
                    template : '<div>数码相机、单反相机、运动相机</div>',
                }
            },
            //省略 computer 和 electrical 组件的代码
        }
    }).mount('#app');
</script>
```

运行程序，页面中有"手机""计算机""家电"3 个类别选项卡，如图 9-21 所示。默认会显示"手机"选项卡下"手机通信"栏目的内容。单击"手机配件"栏目可以显示对应的内容，如图 9-22 所示。单击"计算机"选项卡会显示该选项卡对应的内容，如图 9-23 所示。此时再次单击"手机"选项卡，会继续显示之前选择的内容，如图 9-22 所示。

图 9-21 输出"手机通信"
栏目中的内容

图 9-22 输出"手机配件"
栏目中的内容

图 9-23 输出"计算机"
选项卡中的内容

9.6 AIGC 辅助编程——自定义事件与动态组件的应用

在使用 Vue.js 中的组件时，AIGC 工具可以提供有力的支持。下面介绍如何利用 AIGC 工具来巩固本章所学的知识。

9.6.1 为元素设置背景颜色

在 AIGC 工具的输入框中输入"使用 Vue 3 组件自定义事件为元素设置背景颜色"，AIGC 工具会自动生成实例的实现方法。

以下是一个简单的示例，它展示如何使用 Vue 3 的自定义事件来为元素设置背景颜色。

1. 定义子组件

```
const ChildComponent = {
```

```
  template: `
    <div>
      <button @click="changeColor">Change Background Color</button>
    </div>
  `,
  methods: {
    changeColor() {
      this.$emit('color-change', 'lightblue');   //可以根据需要更改颜色值
    }
  }
};
```

2. 定义父组件

```
const ParentComponent = {
  template: `
    <div :style="{ backgroundColor: bgColor }">
      <h1>Parent Component</h1>
      <ChildComponent @color-change="updateBgColor" />
    </div>
  `,
  components: {
    ChildComponent
  },
  data() {
    return {
      bgColor: 'white'                            //初始背景颜色
    };
  },
  methods: {
    updateBgColor(newColor) {
      this.bgColor = newColor;
    }
  }
};
```

3. 创建 Vue 应用实例并挂载父组件

```
const { createApp } = Vue;
createApp(ParentComponent).mount('#app');
```

4. 设置 HTML 文件

```
<div id="app"></div>
<script>
  //这里可以直接包含上面的 JavaScript 代码
  const app = createApp(ParentComponent);
  app.mount('#app');
</script>
```

　　为了简化这个示例，直接在 HTML 文件的<script>标签中包含所有的 Vue 代码。在实际项目中，通常会将这些代码放在单独的.js 或.vue 文件中，并使用构建工具（如 Webpack 等）来打包应用。

9.6.2　切换文本内容

　　在 AIGC 工具的输入框中输入"使用 Vue 3 动态组件切换文本内容"，AIGC 工具会自动生

成实例的实现方法。

下面直接在主应用中定义两个简单的组件作为对象，并使用 Vue 的动态组件功能来切换它们。

```html
<div id="app">
    <button @click="currentComponent = 'ComponentA'">显示组件 A</button>
    <button @click="currentComponent = 'ComponentB'">显示组件 B</button>
    <component :is="currentComponent"></component>
</div>
<script>
    const ComponentA = {                          //定义组件 ComponentA
      template: `
      <div>
        <h2>这是组件 A</h2>
        <p>这是组件 A 的文本内容。</p>
      </div>
      `
    };
    const ComponentB = {                          //定义组件 ComponentB
      template: `
      <div>
        <h2>这是组件 B</h2>
        <p>这是组件 B 的文本内容。</p>
      </div>
      `
    };
    const app = Vue.createApp({
      data() {
        return {
          currentComponent: 'ComponentA'          //当前显示的组件名称
        };
      },
      components: {                               //注册组件
        ComponentA,
        ComponentB
      }
    });
    app.mount('#app');
</script>
```

这个例子定义了两个简单的组件 ComponentA 和 ComponentB，它们分别包含不同的文本内容。然后，在 Vue 应用的数据对象中定义了一个 currentComponent 属性，用于存储当前应该显示的组件名称。

该模板使用<component>元素和 is 特性来动态绑定当前应该显示的组件。当用户单击按钮时，currentComponent 的值会改变，从而触发动态组件的切换。

小结

本章主要介绍了 Vue.js 中组件的使用，包括组件的注册、父子组件间的数据传递、自定义事件，以及动态组件的使用。通过本章的学习，读者可以对组件的知识有一定的了解。

上机指导

应用动态组件实现一组用于切换图片的纵向选项卡。运行程序，页面左侧有 4 个选项卡标签，默认显示第一个选项卡标签对应的图片，如图 9-24 所示。当鼠标指针指向不同的选项卡标签时，页面右侧会显示不同的图片，结果如图 9-25 所示（实例位置：资源包\MR\上机指导\第 9 章\）。

图 9-24　显示第一张图片

图 9-25　显示第三张图片

开发步骤如下。

（1）创建 HTML 文件，在文件中使用 CDN 方式引入 Vue.js，代码如下。

```
<script src="https://unpkg.com/vue@3"></script>
```

（2）定义 <div> 元素，并设置其 id 属性值为 app，在该元素中定义 4 个选项卡，并应用 <component> 元素将 data 选项中的 current 动态绑定到它的 is 属性，代码如下。

```
<div id="app">
    <div class="box">
        <div id="tab">
            <ul id="tab_left">
                <li v-on:mouseover="toggle('pic1')"><a href="#">图片 1</a></li>
                <li v-on:mouseover="toggle('pic2')"><a href="#">图片 2</a></li>
                <li v-on:mouseover="toggle('pic3')"><a href="#">图片 3</a></li>
                <li v-on:mouseover="toggle('pic4')" style="border-bottom:1px solid
#ccc;"><a href="#">图片 4</a></li>
            </ul>
        </div>
        <component :is="current"></component>
    </div>
</div>
```

（3）编写 CSS 代码，为页面元素设置样式，具体代码可参考本书提供的资源包。

（4）创建应用程序实例，在实例中定义数据、方法和组件，应用 components 选项注册 4 个局部组件，代码如下。

```
<script type="text/javascript">
    const vm = Vue.createApp({
        data(){
            return {
                current : 'pic1'
            }
        },
        methods : {
```

```
            toggle : function(value){
                this.current = value;
            }
        },
        //注册局部组件
        components : {
            pic1 : {
                template : `<div id="tab_content">
                    <div><img src="./img/1.jpg"></div>
                </div>`
            },
            pic2 : {
                template : `<div id="tab_content">
                <div><img src="./img/2.jpg"></div>
                </div>`
            },
            pic3 : {
                template : `<div id="tab_content">
                <div><img src="./img/3.jpg"></div>
                </div>`
            },
            pic4 : {
                template : `<div id="tab_content">
                <div><img src="./img/4.jpg"></div>
                </div>`
            }
        }
    }).mount('#app');
</script>
```

习题

9-1 说明全局组件和局部组件的区别。

9-2 将父组件的数据传递给子组件需要使用哪个选项？

9-3 简述 Vue.js 提供的 Prop 验证方式有哪几种。

9-4 怎么在一个组件的根元素上监听一个原生事件？

9-5 实现动态组件需要应用<component>元素的哪个属性？

第10章 过渡

本章要点
- [ ] 单元素过渡
- [ ] 多元素过渡
- [ ] 多组件过渡
- [ ] 列表过渡

Vue.js 内置了一套过渡系统，该系统是 Vue.js 为 DOM 动画效果提供的一个特性。它可以在插入、更新或者移除 DOM 时触发 CSS 过渡和动画，从而产生过渡效果。本章主要介绍 Vue.js 中的过渡效果的应用。

10.1 单元素过渡

10.1.1 CSS 过渡

Vue.js 提供了内置的过渡封装组件<transition>，该组件用于包含要实现过渡效果的 DOM 元素。过渡封装组件的语法格式如下。

CSS 过渡

```
<transition name = "nameoftransition">
  <div></div>
</transition>
```

其中的 nameoftransition 参数用于自动生成 CSS 过渡类。

为元素和组件添加过渡效果主要应用在下列情形中。
- [ ] 条件渲染（使用 v-if 指令）。
- [ ] 条件展示（使用 v-show 指令）。
- [ ] 动态组件。
- [ ] 组件根节点。

下面通过一个示例来说明 CSS 过渡的基础用法。

```
<style>
    /*设置过渡属性和过渡持续时间 */
    .effect-enter-active, .effect-leave-active{
        transition: opacity 1s
    }
    .effect-enter-from, .effect-leave-to{
        opacity: 0
    }
</style>
```

```
<div id="app">
    <button v-on:click="show = !show">{{show ? '隐藏' : '显示'}}</button><br>
    <transition name="effect">
        <p v-if="show">机遇只偏爱那些有准备的人</p>
    </transition>
</div>
<script src="https://unpkg.com/vue@3"></script>
<script type="text/javascript">
    const vm = Vue.createApp({
        data(){
            return {
                show : true
            }
        }
    }).mount('#app');
</script>
```

运行结果如图 10-1 和图 10-2 所示。

图 10-1　显示元素内容

图 10-2　隐藏元素内容

上述代码通过单击"隐藏"或"显示"按钮将变量 show 的值在 true 和 false 之间进行切换，如果为 true 则淡入"显示"文本，如果为 false 则淡出"隐藏"文本。

CSS 过渡可以实现淡入淡出、尺寸缩放和位置移动等多种动画效果。当插入或删除包含在 <transition> 组件中的元素时，Vue.js 将执行以下操作。

❑ 自动检测目标元素是否应用了 CSS 过渡或动画，如果是，则在合适的时机添加/删除 CSS 类。

❑ 如果过渡组件提供了 JavaScript 钩子函数，这些钩子函数将在合适的时机被调用。

❑ 如果没有找到 JavaScript 钩子函数并且也没有检测到 CSS 过渡或动画，DOM 操作（插入或删除）将在下一帧中立即执行。

10.1.2　过渡的类介绍

Vue.js 在元素的进入过渡与离开过渡中提供了 6 个类来实现切换，具体说明如表 10-1 所示。

表 10-1　类及其说明

类	说明
v-enter-from	定义进入过渡的开始状态。在元素被插入之前生效，在元素被插入之后的下一帧被移除
v-enter-active	定义进入过渡生效时的状态。在整个进入过渡的阶段中应用，在元素被插入之前生效，在过渡或动画完成之后被移除。这个类可以用来定义进入过渡的持续时间、延迟时间和曲线函数
v-enter-to	定义进入过渡的结束状态。在元素被插入之后的下一帧生效（与此同时 v-enter-from 被移除），在过渡或动画完成之后被移除
v-leave-from	定义离开过渡的开始状态。在离开过渡被触发时立刻生效，在下一帧被移除

类	说明
v-leave-active	定义离开过渡生效时的状态。在整个离开过渡的阶段中应用，在离开过渡被触发时立刻生效，在过渡或动画完成之后被移除。这个类可以用来定义离开过渡的持续时间、延迟时间和曲线函数
v-leave-to	定义离开过渡的结束状态。在离开过渡被触发之后的下一帧生效（与此同时 v-leave-from 被移除），在过渡或动画完成之后被移除

对这些类来说，如果使用一个没有名字的<transition>，则 v-是这些类的默认前缀。如果为<transition>设置了一个名字，例如<transition name="my">，则 v-enter-from 会被替换为 my-enter-from。

【例 10-1】 在页面中实现切换图片的过渡效果，当单击页面中的图片时会切换为另一张图片，在切换时有一个过渡效果（实例位置：资源包\MR\源代码\第 10 章\10-1）。

关键代码如下。

```html
<style>
    /* 设置过渡属性 */
    .effect-enter-active, .effect-leave-active{
        transition: all .5s ease;
    }
    .effect-enter-from, .effect-leave-to{
        opacity: 0;
    }
</style>
<div id="app">
    <transition name="effect">
        <img v-if="show" src="images/1.jpg" v-on:click="show = !show">
        <img v-if="!show" src="images/2.jpg" v-on:click="show = !show">
    </transition>
</div>
<script src="https://unpkg.com/vue@3"></script>
<script type="text/javascript">
    const vm = Vue.createApp({
        data(){
            return {
                show : true
            }
        }
    }).mount('#app');
</script>
```

运行结果如图 10-3 和图 10-4 所示。

图 10-3　显示第一张图片

图 10-4　切换为第二张图片

10.1.3 自定义过渡类

自定义过渡类

除了使用普通的类（如-enter-from、-leave-from 等），Vue.js 也允许自定义过渡类。自定义过渡类的优先级高于普通的类。使用自定义过渡类可以将过渡系统和其他第三方 CSS 动画库文件（如 animate.css）相结合，实现更丰富的动画效果。自定义过渡类可以通过以下 6 个属性实现。

- ❑ enter-from-class。
- ❑ enter-active-class。
- ❑ enter-to-class。
- ❑ leave-from-class。
- ❑ leave-active-class。
- ❑ leave-to-class。

下面通过一个实例来了解自定义过渡类的使用。该实例需要应用第三方 CSS 动画库文件 animate.css。

【例 10-2】 以旋转动画的形式隐藏和显示文字（实例位置：资源包\MR\源代码\第 10 章\10-2）。

关键代码如下。

```
<link href="CSS/animate.css" rel="stylesheet">
<style type="text/css">
p{
    font: 30px "微软雅黑";/*设置字体和字体大小*/
    margin:160px auto; /*设置元素外边距*/
    font-weight: 500; /*设置字体粗细*/
    color: #f35626;/*设置文字颜色*/
}
</style>
<div id="app" align="center">
    <button v-on:click="show = !show">切换显示</button>
    <transition name="rotate" enter-active-class="animated rotateIn" leave-active-class="animated rotateOut">
        <p v-if="show">希望是生命的源泉</p>
    </transition>
</div>
<script src="https://unpkg.com/vue@3"></script>
<script type="text/javascript">
const vm = Vue.createApp({
    data(){
        return {
            show : true
        }
    }
}).mount('#app');
</script>
```

运行上述代码，当单击“切换显示”按钮时，文本会以旋转动画的形式进行隐藏，再次单击该按钮，文本会以旋转动画的形式进行显示。结果如图 10-5 所示。

图 10-5　旋转显示和隐藏文本

10.1.4　CSS 动画

CSS 动画的用法和 CSS 过渡类似，但是在动画中 v-enter-from 类在节点插入 DOM 后不会立即被删除，而是在 animationend 事件触发时才会被删除。下面通过一个实例来了解一下 CSS 动画的应用。

【例 10-3】　以缩放动画的形式隐藏和显示图片（实例位置：资源包\MR\源代码\第 10 章\10-3）。

CSS 动画

关键代码如下。

```
<style>
    .container{
        width: 500px;
        margin: 20px auto;
    }
    button{
        margin-bottom: 30px;
    }
    /* 设置 animation 属性的参数 */
    .effect-enter-active{
        animation: scaling 1s
    }
    .effect-leave-active{
        animation: scaling 1s reverse
    }
    /* 设置元素的缩放转换 */
    @keyframes scaling {
        0% {
            transform: scale(0);
        }
        50% {
            transform: scale(1.2);
        }
        100% {
            transform: scale(1);
        }
    }
</style>
<div id="app">
    <div class="container">
```

```
        <button v-on:click="show = !show">{{show ? '隐藏图片' : '显示图片'}}</button><br>
        <transition name="effect">
            <img :src="url" v-if="show">
        </transition>
    </div>
</div>
<script src="https://unpkg.com/vue@3"></script>
<script type="text/javascript">
    const vm = Vue.createApp({
        data(){
            return {
                url : 'scene.jpg',
                show : true
            }
        }
    }).mount('#app');
</script>
```

运行上述代码，当单击"隐藏图片"按钮时，图片会以缩放动画的形式进行隐藏，按钮变为"显示图片"，结果如图 10-6 所示。单击"显示图片"按钮，图片会以缩放动画的形式进行显示，按钮变为"隐藏图片"，结果如图 10-7 所示。

图 10-6　隐藏图片时的缩放效果

图 10-7　显示图片时的缩放效果

10.1.5　JavaScript 钩子函数

元素过渡效果还可以使用 JavaScript 钩子函数来实现。在钩子函数中可以直接操作 DOM 元素。在\<transition\>组件的属性中声明钩子函数，代码如下。

JavaScript 钩子函数

```
<transition
    v-on:before-enter="beforeEnter"
    v-on:enter="enter"
    v-on:after-enter="afterEnter"
    v-on:enter-cancelled="enterCancelled"
    v-on:before-leave="beforeLeave"
    v-on:leave="leave"
    v-on:after-leave="afterLeave"
    v-on:leave-cancelled="leaveCancelled"
>
</transition>
<script src="https://unpkg.com/vue@next"></script>
<script type="text/javascript">
    const vm = Vue.createApp({
```

```
        data(){
            return {
                // ...
            }
        },
        methods: {
        //设置进入过渡之前的组件状态
        beforeEnter: function(el) {
            // ...
        },
        //设置进入过渡完成时的组件状态
        enter: function(el, done) {
            // ...
            done()
        },
        //设置进入过渡完成之后的组件状态
        afterEnter: function(el) {
            // ...
        },
        enterCancelled: function(el) {
            // ...
        },
        //设置离开过渡之前的组件状态
        beforeLeave: function(el) {
            // ...
        },
        //设置离开过渡完成时的组件状态
        leave: function(el, done) {
            // ...
            done()
        },
        //设置离开过渡完成之后的组件状态
        afterLeave: function(el) {
            // ...
        },
        leaveCancelled: function(el) {
            // ...
        }
        }
    }).mount('#app');
</script>
```

这些钩子函数可以结合 CSS 过渡或动画使用，也可以单独使用。<transition>组件还可以添加 v-bind:css= "false"，以直接跳过 CSS 检测，避免 CSS 在过渡过程中的影响。

⚠️ **注意**：当只用 JavaScript 钩子函数实现过渡时，在 enter()和 leave()钩子函数中必须使用 done 进行回调。否则，它们将被同步调用，过渡会立即完成。

下面通过一个实例来了解使用 JavaScript 钩子函数实现元素过渡效果的方法。

【例 10-4】 实现文字显示和隐藏时的不同效果。以缩放的形式显示文字，以旋转动画的形式隐藏文字（实例位置：资源包\MR\源代码\第 10 章\10-4）。

关键代码如下。

```
<style type="text/css">
p{
```

```
        font: 30px "微软雅黑";/*设置字体和字体大小*/
        margin:80px auto; /*设置元素外边距*/
        font-weight: 500; /*设置字体粗细*/
        color: #f35626;/*设置文字颜色*/
}
/* 设置元素的缩放转换 */
@keyframes scaling {
    0% {
    transform: scale(0);
    }
    50% {
    transform: scale(1.2);
    }
    100% {
    transform: scale(1);
    }
}
/*创建旋转动画*/
@-webkit-keyframes rotate{
  0%{
    -webkit-transform:rotateZ(0) scale(1);
  }50%{
    -webkit-transform:rotateZ(360deg) scale(0.5);
  }100%{
    -webkit-transform:rotateZ(720deg) scale(0);
  }
}
</style>
<div id="app" align="center">
    <button v-on:click="show = !show">切换显示</button>
    <transition
    v-on:enter="enter"
    v-on:leave="leave"
    v-on:after-leave="afterLeave"
    >
        <p v-if="show">有志者事竟成</p>
    </transition>
</div>
<script src="https://unpkg.com/vue@3"></script>
<script type="text/javascript">
const vm = Vue.createApp({
    data(){
        return {
            show : false
        }
    },
    methods: {
        enter: function (el, done) {
            el.style.opacity = 1;
            el.style.animation= 'scaling 1s';//实现缩放效果
            done();
        },
        leave: function (el, done) {
            el.style.animation= 'rotate 2s linear';//实现旋转效果
            setTimeout(function(){
```

```
            done();
        }, 1900)
    },
    //在 leave() 函数中触发回调后执行 afterLeave() 函数
    afterLeave: function (el) {
        el.style.opacity = 0;
    }
    }
})).mount('#app');
</script>
```

运行上述代码，当单击"切换显示"按钮时，文字会以缩放的形式进行显示，如图 10-8 所示。再次单击该按钮，文字会以旋转动画的形式进行隐藏，如图 10-9 所示。

图 10-8　缩放显示文本

图 10-9　旋转隐藏文本

10.2 多元素过渡

10.2.1 基础用法

两个或两个以上元素的过渡就是多元素过渡。最常见的多元素过渡是一个列表和描述这个列表为空的元素之间的过渡。在处理多元素过渡时可以使用 v-if 和 v-else 指令，示例代码如下。

基础用法

```
<style>
    ol,li{
        padding: 0;                                          /*设置内边距*/
    }
    ol{
        list-style: none;                                    /*设置列表无样式*/
    }
    li{
        line-height: 26px;                                   /*设置行高*/
    }
    /*设置过渡属性 */
    .effect-enter-from,.effect-leave-to{
        opacity:0;
    }
    .effect-enter-active,.effect-leave-active{
        transition:opacity .6s;
    }
</style>
<div id="app">
    <button @click="clearArr">清空</button>
```

```
    <transition name="effect">
        <ol v-if="items.length > 0">
            <li v-for="item in items">{{item}}</li>
        </ol>
        <p v-else>内容为空</p>
    </transition>
</div>
<script src="https://unpkg.com/vue@3"></script>
<script type="text/javascript">
    const vm = Vue.createApp({
        data(){
            return {
                items: [
                    '京口瓜洲一水间，',
                    '钟山只隔数重山。',
                    '春风又绿江南岸，',
                    '明月何时照我还。'
                    ]
                }
        },
        methods: {
        clearArr: function(){
            this.items.splice(0);                    //清空数组
        }
        }
    }).mount('#app');
</script>
```

运行上述代码，当单击"清空"按钮时，列表内容会被清空。在页面内容变化时会有一个过渡效果，结果如图 10-10 和图 10-11 所示。

图 10-10　输出列表内容

图 10-11　清空列表内容时的过渡效果

10.2.2　key 属性

当有相同标签名的多个元素进行切换时，需要通过 key 属性设置唯一的值作为标记，以便区分。示例代码如下。

key 属性

```
<style>
    /* 设置过渡属性 */
    .effect-enter-from,.effect-leave-to{
        opacity:0;
    }
```

```
        .effect-enter-active,.effect-leave-active{
            transition:opacity .6s;
        }
    </style>
<div id="app">
    <button @click="show=!show">切换</button>
    <transition name="effect">
        <p v-if="show" key="one">长风破浪会有时，</p>
        <p v-else key="two">直挂云帆济沧海。</p>
    </transition>
</div>
<script src="https://unpkg.com/vue@3"></script>
<script type="text/javascript">
    const vm = Vue.createApp({
        data(){
            return {
                show : true
            }
        }
    }).mount('#app');
</script>
```

运行上述代码，单击"切换"按钮，下方的内容会发生变化，在变化时会有一个过渡效果，结果如图 10-12 和图 10-13 所示。

图 10-12　切换之前

图 10-13　切换之后

在一些场景中，可以将同一个元素的 key 属性绑定到一个动态属性上，通过设置不同的状态来代替 v-if 和 v-else。上面的示例中的<transition>组件代码可以重写为如下代码。

```
<transition name="effect">
    <p v-bind:key="show">
        {{show?'长风破浪会有时，':'直挂云帆济沧海。'}}
    </p>
</transition>
```

📖 说明：如果有两个以上具有相同标签名的元素需要进行切换，可以对多个元素使用多个条件判断指令。

10.2.3　过渡模式

在<transition>的默认行为中，元素的进入和离开是同时发生的。由于同时生效的进入过渡和离开过渡不能满足所有要求，所以 Vue.js 提供了如下两种过渡模式。

❑　in-out：新元素先进行过渡，完成之后当前元素过渡离开。

过渡模式

❑ out-in：当前元素先进行过渡，完成之后新元素过渡进入。

应用 out-in 模式实现过渡的示例代码如下。

```
<style>
    /*设置过渡属性*/
    .effect-enter-from,.effect-leave-to{
        opacity:0;
    }
    .effect-enter-active,.effect-leave-active{
        transition:opacity .6s;
    }
</style>
<div id="app">
    <transition name="effect" mode="out-in">
        <div @click="show = !show" :key="show">
            <p v-if="show">学而不思则罔，</p>
            <p v-else>思而不学则殆。</p>
        </div>
    </transition>
</div>
<script src="https://unpkg.com/vue@3"></script>
<script type="text/javascript">
    const vm = Vue.createApp({
        data(){
            return {
                show : true
            }
        }
    }).mount('#app');
</script>
```

运行上述代码，每次单击页面中的文字都会切换为另一行文字。在切换时有一个过渡效果，而且在当前文字完成过渡效果之后才会显示新的文字，结果如图 10-14 和图 10-15 所示。

图 10-14　切换之前的文字

图 10-15　切换之后的文字

10.3 多组件过渡

多组件过渡

多个组件的过渡不需要为每个组件设置 key 属性，只需要使用动态组件即可。示例代码如下。

```
<style>
    label{
        margin-right:10px;
    }
    /*设置过渡属性*/
    .effect-enter-from,.effect-leave-to{
```

```
            opacity:0;
        }
        .effect-enter-active,.effect-leave-active{
            transition:opacity .6s;
        }
</style>
<div id="app">
    <button @click="toggle">切换</button>
    <transition name="effect" mode="out-in">
        <component :is="cName"></component>
    </transition>
</div>
<script src="https://unpkg.com/vue@3"></script>
<script type="text/javascript">
    const vm = Vue.createApp({
        data(){
            return {
                cName : 'interest'
            }
        },
        components : {
            interest : {                                    //定义组件 interest
                template : `<p>
                    <p>请选择兴趣爱好：</p>
                    <input type="checkbox" id="read" value="读书">
                    <label for="read">读书</label>
                    <input type="checkbox" id="movie" value="看电影">
                    <label for="movie">看电影</label>
                    <input type="checkbox" id="play" value="打篮球">
                    <label for="play">打篮球</label>
                </p>`
            },
            sport : {                                       //定义组件 sport
                template : `<p>
                    <p>请选择运动项目：</p>
                    <input type="checkbox" id="track" value="田径">
                    <label for="track">田径</label>
                    <input type="checkbox" id="swim" value="游泳">
                    <label for="swim">游泳</label>
                    <input type="checkbox" id="archery" value="射箭">
                    <label for="archery">射箭</label>
                </p>`
            }
        },
        methods : {
            toggle : function(){                            //切换组件名称
                this.cName = this.cName === 'interest' ? 'sport' : 'interest';
            }
        }
    }).mount('#app');
</script>
```

运行上述代码，每次单击"切换"按钮都会在两个组件之间进行切换，在页面内容变化时会有一个过渡效果，结果如图 10-16 和图 10-17 所示。

图 10-16　显示第一个组件

图 10-17　显示第二个组件

10.4　列表过渡

实现列表过渡需要在<transition-group>组件中使用 v-for 指令，<transition-group>组件的特点如下。

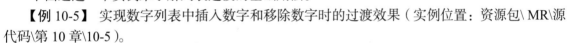

- ❑ 与<transition>组件不同，它会以一个真实元素呈现，默认为一个<span>元素。可以通过 tag 属性更换为其他元素。
- ❑ 过渡模式不可用，因为不再相互切换特有的元素。
- ❑ 列表中的每个元素都需要提供唯一的 key 属性值。

下面通过一个实例来了解列表过渡的基础用法。

【例 10-5】　实现数字列表中插入数字和移除数字时的过渡效果（实例位置：资源包\ MR\源代码\第 10 章\10-5 ）。

关键代码如下。

```
<style type="text/css">
/* 元素的样式 */
.list-item {
    display: inline-block;
    margin-right: 10px;
    background-color: darkgreen;
    width: 30px;
    height: 30px;
    line-height: 30px;
    text-align: center;
    color: #ffffff;
}
/* 插入过程和移除过程的过渡效果 */
.num-enter-active,.num-leave-active{
    transition: all 1s;
}
/* 开始插入、移除结束时的状态 */
.num-enter-from,.num-leave-to {
    opacity: 0;
    transform: translateY(30px);
}
</style>
<div id="app">
    <div>
        <button v-on:click="add">插入一个数字</button>
```

```
        <button v-on:click="remove">移除一个数字</button>
        <transition-group name="num" tag="p">
                <span v-for="item in items" v-bind:key="item" class="list-item">
                {{item}}
                </span>
        </transition-group>
        </div>
</div>
<script src="https://unpkg.com/vue@3"></script>
<script type="text/javascript">
const vm = Vue.createApp({
    data(){
        return {
            items: [1,2,3,4,5,6],
            nextNum: 7
        }
    },
    methods: {
        //生成随机数索引
        randomNumber: function () {
            return Math.floor(Math.random() * this.items.length)
        },
        //添加数字
        add: function () {
            this.items.splice(this.randomNumber(), 0, this.nextNum++)
        },
        //移除数字
        remove: function () {
            this.items.splice(this.randomNumber(), 1)
        }
    }
}).mount('#app');
</script>
```

运行代码，当单击"插入一个数字"按钮时，会在下方随机插入一个新的数字，结果如图 10-18 所示。当单击"移除一个数字"按钮时，会在下方随机移除一个数字，结果如图 10-19 所示。

图 10-18 插入数字

图 10-19 移除数字

10.5 AIGC 辅助编程——文字与列表项的过渡效果

在使用 Vue.js 中的过渡时，AIGC 工具可以提供有力的支持。下面介绍如何利用 AIGC 工具来巩固本章所学的知识。

10.5.1　实现文字显示和隐藏时的过渡效果

在 AIGC 工具的输入框中输入"使用 Vue 3 实现文字显示和隐藏时的过渡效果"，AIGC 工具会自动生成实例的实现方法。

Vue 3 可以使用<transition>组件来实现文字显示和隐藏时的过渡效果。以下是一个简单的例子，它展示如何使用 Vue 3 的选项式 API 来实现这一功能。具体代码如下。

```
<script src="https://unpkg.com/vue@3"></script>
<style>
    .fade-enter-active, .fade-leave-active {
        transition: opacity 1s;
    }
    .fade-enter-from, .fade-leave-to {
        opacity: 0;
    }
</style>
<div id="app">
    <button @click="toggleVisibility">Toggle</button>
    <transition name="fade">
        <p v-if="isVisible">This text will fade in and out.</p>
    </transition>
</div>
<script>
    const { createApp } = Vue;
    createApp({
        data(){
            return {
                isVisible: false              //控制元素的可见性，默认不可见
            }
        },
        methods: {
            toggleVisibility() {
                this.isVisible = !this.isVisible; //isVisible 被设置为它的相反值
            }
        }
    }).mount('#app');
</script>
```

当打开这个 HTML 文件时，可以看到一个按钮。单击按钮时，文本"This text will fade in and out."会以淡入淡出的方式显示或隐藏。

10.5.2　实现列表项的过渡效果

在 AIGC 工具的输入框中输入"使用 Vue 3 实现列表项的过渡效果"，AIGC 工具会自动生成实例的实现方法。

以下是一个简单的 Vue 3 实例，它展示如何实现列表项的添加、移除和排序时的过渡效果。具体代码如下。

```
<script src="https://unpkg.com/vue@next"></script>
<style>
    .list-item {
        display: inline-block;
```

```
      margin: 5px;
      padding: 10px;
      background-color: #f0f0f0;
      border: 1px solid #ccc;
      transition: all 0.5s ease;
    }
    .list-enter-active, .list-leave-active {
      transition: all 1s ease;
    }
    .list-enter, .list-leave-to {
      opacity: 0;
      transform: translateY(30px);
    }
    .list-move {
      transition: transform 1s;
    }
</style>
<div id="app">
  <button @click="addItem">Add Item</button>
  <button @click="removeItem">Remove Item</button>
  <button @click="shuffleItems">Shuffle Items</button>
  <ul>
    <transition-group name="list" tag="ul">
      <li v-for="(item, index) in items"
          :key="item.id"
          class="list-item"
          :data-index="index">
        {{ item.text }}
      </li>
    </transition-group>
  </ul>
</div>
<script>
  const app = Vue.createApp({
    data() {
      return {
        items: [                          //存储项目对象的数组
          { id: 1, text: 'Item 1' },
          { id: 2, text: 'Item 2' },
          { id: 3, text: 'Item 3' },
          { id: 4, text: 'Item 4' }
        ],
        nextId: 5                         //用于为新项分配唯一的 ID
      };
    },
    methods: {
      addItem() {
        //将一个新项目对象添加到 items 数组中
        this.items.push({ id: this.nextId++, text: `Item ${this.nextId - 1}` });
      },
      removeItem() {
        this.items.pop();                 //移除 items 数组的最后一个项目
      },
      shuffleItems() {
        this.items = this.items.sort(() => Math.random() - 0.5);//打乱数组顺序
      }
```

```
      }
    });
    app.mount('#app');
  </script>
```

当打开这个 HTML 文件时，可以看到 3 个按钮和一个列表。单击"Add Item"按钮会向列表中添加一个新项，单击"Remove Item"按钮会从列表中移除最后一项，单击"Shuffle Items"按钮会随机排序列表项。在添加、移除和排序过程中，列表项会以过渡动画的形式出现、消失或移动。

在生成实例代码后，还可以继续提问，如在 AIGC 工具的输入框中输入"完善上面的代码，使用输入框添加新项"，AIGC 工具会自动生成如下建议。

为了完善上面的 Vue.js 代码，使其能够使用输入框来添加新项，我们可以做以下修改。

（1）添加一个输入框，并绑定一个 v-model 来跟踪用户输入的文本。

（2）添加一个按钮或监听输入框的键盘事件（如<Enter>键），以便在用户完成输入后添加新项。

（3）更新 addItem()方法，使其使用输入框中的值而不是自动递增的 ID 来创建新项（或者可以保留自动递增的 ID，这取决于个人需求）。

下面是修改后的代码。

```
<body>
  <div id="app">
    <input v-model="newItemText" placeholder="Enter new item text" @keyup.enter="addItem" />
    <button @click="addItem">Add Item</button>
    <button @click="removeItem">Remove Item</button>
    <button @click="shuffleItems">Shuffle Items</button>
    <ul>
      <transition-group name="list" tag="ul">
        <li v-for="(item, index) in items" :key="item.id" class="list-item" :data-index=
"index">
          {{ item.text }}
        </li>
      </transition-group>
    </ul>
  </div>
  <script>
  const app = Vue.createApp({
    data() {
      return {
      items: [                          //存储项目对象的数组
        { id: 1, text: 'Item 1' },
        { id: 2, text: 'Item 2' },
        { id: 3, text: 'Item 3' },
        { id: 4, text: 'Item 4' }
      ],
      newItemText: '',                  //用于绑定输入框中的文本
      nextId: 5                         //用于为新项分配唯一的 ID
      };
    },
    methods: {
      addItem() {
        //检查输入框是否为空
```

```
          if (this.newItemText.trim()) {
            //添加新项，使用新的 ID 和输入框中的文本
            this.items.push({ id: this.nextId++, text: this.newItemText.trim() });
            //清空输入框
            this.newItemText = '';
          }
        },
        removeItem() {
          this.items.pop();                  //移除 items 数组的最后一个项目
        },
        shuffleItems() {
          this.items = this.items.sort(() => Math.random() - 0.5);//打乱数组顺序
        }
      }
    });
    app.mount('#app');
  </script>
</body>
```

在这个修改后的版本中，添加了一个名为 newItemText 的数据属性来跟踪输入框中的文本。当用户单击"Add Item"按钮或在输入框中按<Enter>键时，addItem()方法会被调用。该方法会检查 newItemText 是否为空（或只包含空白字符），如果不为空，则创建一个新项并将其添加到 items 数组中，然后清空输入框。新项的 ID 会自动递增，也可以用其他方法来生成唯一的 ID。

小结

本章主要介绍了 Vue.js 中的过渡，包括单元素过渡、多元素过渡、多组件过渡及列表过渡。通过本章的学习，读者可以在程序中实现更加丰富的动态效果。

上机指导

实现影视网站中电影图片的轮播效果。运行程序，页面中显示的电影图片会进行轮播，当鼠标指针指向图片下方的某个数字按钮时会过渡显示对应的图片，结果如图 10-20 所示（实例位置：资源包\MR\上机指导\第 10 章\）。

图 10-20　电影图片的轮播效果

开发步骤如下。

（1）创建 HTML 文件，在文件中使用 CDN 方式引入 Vue.js，代码如下。

```
<script src="https://unpkg.com/vue@3"></script>
```

（2）定义<div>元素，并设置其 id 属性值为 app，在该元素中定义轮播图片和用于切换图片的数字按钮，代码如下。

```
<div id="app">
    <div class="container">
        <!--切换的图片-->
        <div class="banner">
        <transition-group name="effect" tag="div">
            <span v-for="(v,i) in bannerURL" :key="i" v-show="(i+1)===index?true: false">
            <img :src="'images/'+v">
            </span>
        </transition-group>
        </div>
        <!--切换的数字按钮-->
        <ul class="numBtn">
        <li v-for="num in 5">
            <a href="javascript:;" :style="{background:num==index?'#ff9900': '#CCCCCC'}"
@mouseover='toggle(num)' class='num'>{{num}}</a>
        </li>
        </ul>
    </div>
</div>
```

（3）编写 CSS 代码，为页面元素设置样式，关键代码如下。

```
<style>
    /* 设置过渡属性 */
    .effect-enter-active, .effect-leave-active{
     transition: all 1s;
    }
    .effect-enter-from, .effect-leave-to{
     opacity: 0;
    }
</style>
```

（4）创建应用程序实例，在实例中定义数据、方法和钩子函数，使用 next()方法设置下一张图片的索引，使用 toggle()方法设置鼠标指针移入某个数字按钮后显示对应的图片，代码如下。

```
<script type="text/javascript">
    const vm = Vue.createApp({
        data(){
            return {
                bannerURL : ['1.jpg','2.jpg','3.jpg','4.jpg','5.jpg'],
                index : 1,              // 图片的索引
                flag : true,
                timer : '',            // 定时器 ID
            }
        },
        methods : {
            next : function(){
                // 下一张图片，图片索引为 4 时返回到第一张图片
```

```
                    this.index = this.index + 1 === 6 ? 1 : this.index + 1;
                },
                toggle : function(num){
                    // 鼠标指针指向按钮时切换到对应图片
                    if(this.flag){
                        this.flag = false;
                        // 过1s后可以再次切换图片
                        setTimeout(()=>{
                            this.flag = true;
                        },1000);
                        this.index = num;  // 切换为选中的图片
                        clearTimeout(this.timer);// 取消定时器
                        // 过3s图片轮换
                        this.timer = setInterval(this.next,3000);
                    }
                }
            },
            mounted : function(){
                // 过3s图片轮换
                this.timer = setInterval(this.next,3000);
            }
        }).mount('#app');
</script>
```

习题

10-1 在元素的进入过渡与离开过渡中可以设置哪几个类？

10-2 在处理多元素过渡时需要使用哪两个指令？

10-3 简述 Vue.js 提供的两种过渡模式的区别。

第11章 使用 Vue Router 实现路由管理

本章要点
- ❑ 路由的基本用法
- ❑ 嵌套路由和命名视图
- ❑ 路由的动态匹配
- ❑ 路由的高级用法

在单页 Web 应用中，整个项目只有一个 HTML 文件，不同视图（组件的模板）的内容都在同一个页面中渲染。当用户切换页面时，页面之间的跳转都是在浏览器中完成的，这时就需要使用前端路由。本章主要讲解 Vue.js 官方的路由管理器 Vue Router 的使用。

11.1 路由基础

路由实际上就是一种映射关系。例如，多个选项卡之间的切换可以使用路由功能实现。在切换时，根据不同的鼠标事件显示不同的页面内容，这相当于事件和事件处理程序之间的映射关系。

11.1.1 引入 Vue Router

使用 Vue Router 之前需要在页面中进行引入，可以使用 CDN 方式引入 Vue Router，代码如下。

引入 Vue Router

```
<script src="https://unpkg.com/vue-router@4"></script>
```

如果要在项目中使用 Vue Router，则可以使用 NPM 方式进行安装，在命令提示符窗口中输入如下命令。

```
npm install vue-router@4 --save
```

📖 说明：要安装支持 Vue 3.0 的 Vue Router 需要使用 vue-router@4。

11.1.2 基本用法

使用 Vue.js 创建的应用程序可以由多个组件组成，而 Vue Router 的作用是将每个路径映射到对应的组件，并通过路由进行组件之间的切换。

Vue.js 路由通过不同的 URL 访问不同的内容。要想通过路由实现组件之间的切换，需要使用 Vue Router 提供的<router-link>组件，该组件用于设置一个导航链接，通过设置 to 属性链接到一个目标地址，从而切换不同的 HTML 内容。

基本用法

下面是一个实现路由的简单示例，实现步骤如下。

（1）使用<router-link>组件设置导航链接，代码如下。

```
<div>
    <!-- 使用<router-link>组件设置导航链接 -->
    <!-- 通过 to 属性设置目标地址 -->
    <!-- <router-link>默认被渲染成<a>标签 -->
    <router-link to="/homepage">首页 </router-link>
    <router-link to="/movie">电影 </router-link>
    <router-link to="/music">音乐</router-link>
</div>
```

📖 **说明**：如果要将<router-link>渲染成其他标签，可以使用 v-slot 完全定制<router-link>。例如，将<router-link>渲染成<button>标签，代码如下。

```
<router-link to="/course" custom v-slot="{navigate}">
    <button @click="navigate" @keypress.enter="navigate">课程</button>
</router-link>
```

（2）利用<router-view>指定组件在何处渲染，代码如下。

```
<router-view></router-view>
```

当单击链接时，在<router-view>所在的位置渲染组件的模板内容。

（3）定义路由组件，代码如下。

```
const homepage = {
    template: '<p>首页内容</p>'
};
const movie = {
    template: '<p>电影页面内容</p>'
};
const music = {
    template: '<p>音乐页面内容</p>'
};
```

（4）定义路由，将前面设置的链接和定义的组件一一对应，代码如下。

```
//定义路由，每个路由映射一个组件
const routes = [
    { path: '/homepage', component: homepage },
    { path: '/movie', component: movie },
    { path: '/music', component: music }
];
```

（5）创建 VueRouter 实例，将上一步定义的路由配置作为选项传递进来，代码如下。

```
//创建 VueRouter 实例，传入路由配置
const router = VueRouter.createRouter({
    //提供要使用的 history 实现，这里使用 hash history
    history: VueRouter.createWebHashHistory(),
    routes                              //相当于 routes:routes
});
```

（6）创建应用程序实例，调用 use()方法，传入上一步创建的 router 对象，使整个应用程序

具备路由功能，代码如下。

```
const vm = Vue.createApp({});
vm.use(router);                    //调用应用程序实例的use()方法，传入创建的router对象
vm.mount('#app');
```

到这里就完成了路由的配置，完整代码如下。

```
<div id="app">
    <div>
            <!-- 使用<router-link>组件设置导航链接 -->
            <!-- 通过to属性设置目标地址 -->
            <!-- <router-link>默认被渲染成<a>标签 -->
            <router-link to="/homepage">首页 </router-link>
            <router-link to="/movie">电影 </router-link>
            <router-link to="/music">音乐</router-link>
    </div>
    <!-- 路由出口，路由匹配到的组件渲染的位置 -->
    <router-view></router-view>
</div>
<script src="https://unpkg.com/vue@3"></script>
<script src="https://unpkg.com/vue-router@4"></script>
<script type="text/javascript">
    //定义路由组件，可以使用import从其他文件引入
    const homepage = {
        template: '<p>首页内容</p>'
    };
    const movie = {
        template: '<p>电影页面内容</p>'
    };
    const music = {
        template: '<p>音乐页面内容</p>'
    };
    //定义路由，每个路由映射一个组件
    const routes = [
        { path: '/homepage', component: homepage },
        { path: '/movie', component: movie },
        { path: '/music', component: music }
    ];
    //创建VueRouter实例，传入路由配置
    const router = VueRouter.createRouter({
        //提供要使用的history实现，这里使用hash history
        history: VueRouter.createWebHashHistory(),
        routes                       //相当于routes:routes
    });
    const vm = Vue.createApp({});
    vm.use(router);                  //调用应用程序实例的use()方法，传入创建的router对象
    vm.mount('#app');
</script>
```

上述代码中，<router-link>会被渲染成<a>标签。例如，第一个<router-link>会被渲染成<a href="#/homepage">首页</a>。当单击第一个<router-link>对应的链接时，由于to属性的值是

/homepage，因此实际的路径地址就是当前 URL 路径后加上#/homepage。这时，Vue 会找到定义的路由 routes 中 path 为/homepage 的路由，并将对应的组件 homepage 渲染到<router-view>中。运行结果如图 11-1～图 11-3 所示。

图 11-1　单击"首页"链接

图 11-2　单击"电影"链接

图 11-3　单击"音乐"链接

11.1.3　路由动态匹配

在实际开发中，经常需要将匹配到的所有路由全部映射到同一个组件。例如，所有 ID 不同的电影都需要使用同一个组件 Movie 来渲染。那么，可以在路由路径中使用动态路径参数来实现这个效果。示例代码如下。

路由动态匹配

```
<div id="app">
    <div>
        <!-- 使用<router-link>组件设置导航链接 -->
        <router-link to="/movie/1">电影1 </router-link>
        <router-link to="/movie/2">电影2 </router-link>
    </div>
    <!-- 路由出口，路由匹配到的组件渲染的位置 -->
    <router-view></router-view>
</div>
<script src="https://unpkg.com/vue@3"></script>
<script src="https://unpkg.com/vue-router@4"></script>
<script type="text/javascript">
    const Movie = {
        template: '<p>电影 ID: {{ $route.params.id }}</p>'
    }
    const routes = [
        //动态路径参数，以冒号开头
        { path: '/movie/:id', component: Movie }
    ]
    //创建 VueRouter 实例，传入路由配置
    const router = VueRouter.createRouter({
        //提供要使用的 history 实现，这里使用 hash history
        history: VueRouter.createWebHashHistory(),
        routes                         //相当于 routes:routes
    });
    const vm = Vue.createApp({});
    vm.use(router);                    //调用应用程序实例的 use()方法，传入创建的 router 对象
    vm.mount('#app');
</script>
```

上述代码中，:id 即设置的动态路径参数。这时，像/movie/1、/movie/2 这样的路径都会映射

到相同的组件。当匹配到一个路由时，使用$route.params 的方式可以获取参数值，并且可以在每个组件内使用。运行结果如图 11-4 和图 11-5 所示。

图 11-4　单击"电影 1"链接　　　　图 11-5　单击"电影 2"链接

同一个路由路径中可以有多个动态路径参数，它们将映射到$route.params 中的相应字段上。例如，路径为"/user/:username/post/:id"，匹配路径为"/user/Tony/post/100"，则通过$route.params 获取的值为

```
{ "username": "Tony", "id": "100" }
```

11.1.4　命名路由

命名路由

在某些时候，在进行路由跳转时，通过一个名称来标识路由会更方便。可以在创建 VueRouter 实例时，在路由配置中为某个路由设置名称。示例代码如下。

```
const routes = [
    {
        path: '/movie',
        name: 'movie',            //为路由设置名称
        component: Movie
    }
]
```

设置路由的名称后，要想链接到该路由，可以将<router-link>的 to 属性设置成一个对象，同时需要使用 v-bind 指令。代码如下。

```
<router-link :to="{ name : 'movie'}">电影</router-link>
```

这样，当单击"电影"链接时，会跳转到/movie 路径的路由。

11.2　编程式导航

编程式导航

定义导航链接除了可以使用<router-link>创建<a>标签实现，还可以使用 router 对象的 push()方法实现。Vue 实例内部通过$router 可以访问路由实例，因此调用 this.$router.push()即可实现页面的跳转。

该方法的参数可以是一个字符串路径，也可以是一个描述跳转目标地址的对象。示例代码如下。

```
//跳转到字符串表示的路径
this.$router.push('music')
//跳转到指定路径
this.$router.push({ path: 'music' })
//跳转到指定名称的路由
```

```
    this.$router.push({ name: 'user' })
    //跳转到带有查询参数的指定路径
    this.$router.push({ path: 'music', query: { id: '5' }})
    //跳转到带有查询参数的指定名称的路由
    this.$router.push({ name: 'user', params: { id: '1' }})
```

【例 11-1】 实现新闻类别选项卡切换效果（实例位置：资源包\MR\源代码\第 11 章\11-1）。

本例实现切换新闻类别选项卡的效果，页面中有“最新”“热门”“推荐”3 个新闻类别选项卡，单击不同的选项卡标签，页面下方会显示不同的新闻信息。实现步骤如下。

（1）定义<div>元素，并设置其 id 属性值为 app，在该元素中定义一个 class 属性值为 tabBox 的<div>元素，然后在该元素中添加一个<ul>元素和一个<div>元素，<ul>元素用于显示 3 个选项卡，将选项卡对应的文本内容渲染到<div>元素中的<router-view>中。代码如下。

```
<div id="app">
    <div class="tabBox">
        <ul class="tab" :class="current">
            <li class="newest" v-on:click="show('newest')">最新</li>
            <li class="hot" v-on:click="show('hot')">热门</li>
            <li class="recommend" v-on:click="show('recommend')">推荐</li>
        </ul>
        <div class="option">
            <router-view></router-view>
        </div>
    </div>
</div>
```

（2）编写 CSS 代码，为页面元素设置样式，具体代码可参考本书提供的资源包。

（3）定义 3 个组件，然后定义路由，接着创建 router 对象，最后在创建的根组件实例中定义数据和方法。在定义的 show()方法中，使用 push()方法跳转到指定名称的路由，从而实现选项卡内容的切换效果。代码如下。

```
<script src="https://unpkg.com/vue@3"></script>
<script src="https://unpkg.com/vue-router@4"></script>
<script type="text/javascript">
    const newest = {  // "最新" 新闻组件
        template : `<div>
            <ul class="newslist">
                <li>抢新款智能锁 0 元购<span class="top">【置顶】</span>
                    <span class="time">2024-05-01</span></li>
                <li>戴尔笔记本计算机震撼来袭<span class="top">【置顶】</span>
                    <span class="time">2024-05-01</span></li>
                <li>物美颜高价更优——荣耀手机<span class="top">【置顶】</span>
                    <span class="time">2024-05-01</span></li>
                <li>海信平板电视 购过瘾<span class="top">【置顶】</span>
                    <span class="time">2024-05-01</span></li>
                <li>空调以旧换新立减 500 元起<span class="top">【置顶】</span>
                    <span class="time">2024-05-02</span></li>
                <li>生活小家电 新春家装季<span class="top">【置顶】</span>
                    <span class="time">2024-05-02</span></li>
            </ul>
        </div>`
```

```javascript
    };
//省略相似代码
    const routes = [
        {    //默认渲染 newest 组件
            path: '',
            component: newest,
        },
        {
            path: '/newest',
            name: 'newest',
            component: newest
        },
        {
            path: '/hot',
            name: 'hot',
            component: hot
        },
        {
            path: '/recommend',
            name: 'recommend',
            component: recommend
        }
    ];
    const router = VueRouter.createRouter({
        history: VueRouter.createWebHashHistory(),
        routes
    });
    const vm = Vue.createApp({
        data(){
            return {
                current: 'newest'
            }
        },
        methods: {
            show: function(v){
                switch (v){
                    case 'newest':
                        this.current = 'newest';
                        this.$router.push({name: 'newest'});//跳转到名称为 newest 的路由
                        break;
                    case 'hot':
                        this.current = 'hot';
                        this.$router.push({name: 'hot'});//跳转到名称为 hot 的路由
                        break;
                    case 'recommend':
                        this.current = 'recommend';
                        this.$router.push({name: 'recommend'});//跳转到名称为 recommend 的路由
                        break;
                }
            }
        },
    });
vm.use(router);//调用应用程序实例的 use()方法，传入创建的 router 对象
```

```
    vm.mount('#app');
</script>
```

运行代码，当单击不同的选项卡标签时，下方会显示对应的文本内容。结果如图 11-6 和图 11-7 所示。

最新	热门	推荐	
抢新款智能锁0元购【置顶】			2024-05-01
戴尔笔记本计算机震撼来袭【置顶】			2024-05-01
物美颜高价更优——荣耀手机【置顶】			2024-05-01
海信平板电视 闹过瘾【置顶】			2024-05-01
空调以旧换新立减500元起【置顶】			2024-05-02
生活小家电 新春家装季【置顶】			2024-05-02

图 11-6　默认显示最新新闻内容

最新	热门	推荐	
台式机180天只换不修【置顶】			2024-05-02
小米CIVI 4 Pro 首发第三代骁龙8s【置顶】			2024-05-02
春日出游季 购机补贴省心超值【置顶】			2024-05-02
3C数码配件 每满299减50【置顶】			2024-05-02
购买DIY产品 送上门安装服务【置顶】			2024-05-02
买游戏本 认准蓝睿HX【置顶】			2024-05-02

图 11-7　显示热门新闻内容

11.3　嵌套路由

嵌套路由

二级导航菜单一般由嵌套的组件组合而成。使用简单的路由并不能实现这种需求，这时就需要使用嵌套路由实现导航功能。使用嵌套路由时，URL 中的动态路径会按某种结构对应嵌套的各层组件。

例如有这样一个应用，代码如下。

```
<div id="app">
    <router-view></router-view>
</div>
<script type="text/javascript">
    constMovie = {
        template: '<div>电影</div>'
    }
    const routes = [
        {
            path: '/movie',
            name: 'movie',
            component: Movie
        }
    ]
    //创建 VueRouter 实例，传入路由配置
    const router = VueRouter.createRouter({
        history: VueRouter.createWebHashHistory(),
        routes                              //相当于 routes:routes
    });
</script>
```

上述代码中，<router-view>是顶层的出口，它会渲染一个最高级路由匹配到的组件。同样，在组件的内部也可以包含嵌套的<router-view>。例如，在 Movie 组件的模板中添加一个<router-view>，代码如下。

```
const Movie = {
    template: `<div>
```

```
            <span>电影</span>
            <router-view></router-view>
        </div>`
}
```

如果要在嵌套的出口中渲染组件，需要在定义路由时配置 children 参数，代码如下。

```
const routes = [
    {
        path: '/movie',
        name: 'movie',
        component: Movie,
        children: [{
            // /movie/love 匹配成功后，loveMovie 会被渲染到 Movie 的<router-view>中
            path: '/love',
            component: loveMovie
        },{
            // /movie/action 匹配成功后，actionMovie 会被渲染到 Movie 的<router-view>中
            path: '/action',
            component: actionMovie
        }]
    }
]
```

⚠ **注意**：如果访问的路由不存在，则渲染组件的出口不会显示任何内容，这时可以提供一个空路由。

在上述示例代码中添加一个空路由，代码如下。

```
const routes = [
    {
        path: '/movie',
        name: 'movie',
        component: Movie,
        children: [{
            // /movie 匹配成功后，loveMovie 会被渲染到 Movie 的<router-view>中
            path: '',
            component: loveMovie
        },{
            // /movie/love 匹配成功后，loveMovie 会被渲染到 Movie 的<router-view>中
            path: '/love',
            component: loveMovie
        },{
            // /movie/action 匹配成功后，actionMovie 会被渲染到 Movie 的<router-view>中
            path: '/action',
            component: actionMovie
        }]
    }
]
```

下面通过一个实例来了解嵌套路由的应用。

【例 11-2】 乐器类别的切换（实例位置：资源包\MR\源代码\第 11 章\11-2）。

乐器一般分为民族乐器和西洋乐器，民族乐器和西洋乐器又可以分为不同的类别。使用嵌

套路由实现乐器类别的切换效果，实现步骤如下。

（1）编写 HTML 代码，首先定义`<div>`元素，并设置其 id 属性值为 app，然后在该元素中应用`<router-link>`组件定义两个一级导航链接，并应用`<router-view>`渲染两个一级导航链接对应的组件内容。代码如下。

```html
<div id="app">
    <div class="nav">
        <ul>
            <li>
                <router-link to="/nation">民族乐器</router-link>
            </li>
            <li>
                <router-link to="/west">西洋乐器</router-link>
            </li>
        </ul>
    </div>
    <div class="content">
        <router-view></router-view>
    </div>
</div>
```

（2）编写 CSS 代码，为页面元素设置样式，具体代码可参考本书提供的资源包。

（3）定义两个一级导航链接对应的组件，在组件的模板中定义二级导航链接，然后定义嵌套路由，最后创建 VueRouter 实例和根组件实例。代码如下。

```html
<script src="https://unpkg.com/vue@3"></script>
<script src="https://unpkg.com/vue-router@4"></script>
<script type="text/javascript">
    const Nation = {//定义 Nation 组件
        template : `<div>
            <ul>
                <li><router-link to="/nation/play">吹奏乐器</router-link></li>
                <li><router-link to="/nation/pluck">弹拨乐器</router-link></li>
            </ul>
            <router-view></router-view>
        </div>`
    }
    const West = {//定义 West 组件
        template : `<div>
            <ul>
                <li><router-link to="/west/stringed">弦乐器</router-link></li>
                <li><router-link to="/west/woodwind">木管乐器</router-link></li>
                <li><router-link to="/west/brass">铜管乐器</router-link></li>
            </ul>
            <router-view></router-view>
        </div>`
    }
    const routes = [
        {   //默认渲染 Nation 组件
            path: '',
            component: Nation,
        },
```

```
            {
                path: '/nation',
                component: Nation,
                children:[//定义子路由
                    {
                        path: "play",
                        component: {
                            template: '<h3>箫、笛、笙、唢呐</h3>'
                        }
                    },
                    {
                        path: "pluck",
                        component: {
                            template: '<h3>琵琶、筝、柳琴、扬琴</h3>'
                        }
                    }
                ]
            },
            {
                path: '/west',
                component: West,
                children:[//定义子路由
                    {
                        path: "stringed",
                        component: {
                            template: '<h3>钢琴、吉他、小提琴</h3>'
                        }
                    },
                    {
                        path: "woodwind",
                        component: {
                            template: '<h3>单簧管、双簧管、萨克斯管</h3>'
                        }
                    },
                    {
                        path: "brass",
                        component: {
                            template: '<h3>小号、短号、长号</h3>'
                        }
                    }
                ]
            }
        ]
    const router = VueRouter.createRouter({
        history: VueRouter.createWebHashHistory(),
        routes
    });
    const vm = Vue.createApp({});
vm.use(router);//调用应用程序实例的use()方法，传入创建的router对象
    vm.mount('#app');
</script>
```

运行实例，当单击"民族乐器"中的"吹奏乐器"链接时，URL 路由为/nation/play，结果

如图 11-8 所示；当单击"西洋乐器"中的"弦乐器"链接时，URL 路由为/west/stringed，结果如图 11-9 所示。

图 11-8　渲染/nation/play 对应的组件

图 11-9　渲染/west/stringed 对应的组件

11.4　命名视图

命名视图

有些页面布局分为顶部、左侧导航栏和主显示区 3 个部分。如果是这种情况，需要将每个部分都定义为一个视图。为了在页面中同时展示多个视图，需要为每个视图（<router-view>）设置一个名称，通过名称渲染对应的组件。页面中可以有多个单独命名的视图，而不是只有一个单独的出口。如果没有为<router-view>设置名称，那么它的名称默认为 default。例如，在页面中设置 3 个视图，代码如下。

```
<router-view class="top"></router-view>
<router-view class="left" name="left"></router-view>
<router-view class="main" name="main"></router-view>
```

展示一个视图需要渲染一个组件，因此对于同一个路由，展示多个视图就需要渲染多个组件。对上述 3 个视图应用的组件进行渲染的代码如下。

```
const routes = [
    {
        path: '/',
        components: {
            default: Top,
            left: Left,
            main: Main
        }
    }
]
//创建 VueRouter 实例，传入路由配置
const router = VueRouter.createRouter({
    history: VueRouter.createWebHashHistory(),
    routes
});
```

下面是一个应用多视图的示例，实现"社区"和"服务中心"两个栏目之间的切换。代码如下。

```
<style>
    body{
```

```css
        font-family:微软雅黑;                    /*设置字体*/
        font-size: 14px;                          /*设置文字大小*/
    }
    a{
        text-decoration:none;                     /*设置链接无下画线*/
    }
    ul{
        list-style:none;                          /*设置列表无样式*/
        width:300px;                              /*设置宽度*/
        height:30px;                              /*设置高度*/
        line-height:30px;                         /*设置行高*/
        background:green;                         /*设置背景颜色*/
    }
    ul li{
        float:left;                               /*设置向左浮动*/
        margin-left:20px;                         /*设置左外边距*/
    }
    ul li a{
        color: white;                             /*设置文字颜色*/
    }
    .left{
        float: left;                              /*设置向左浮动*/
        width: 100px;                             /*设置宽度*/
        height: 50px;                             /*设置高度*/
        padding-top:10px;                         /*设置上内边距*/
        text-align: center;                       /*设置文本居中显示*/
        border-right: 1px solid #666666;          /*设置右边框*/
    }
    .main{
        float: left;                              /*设置向左浮动*/
        width: 200px;                             /*设置宽度*/
        padding-left: 20px;                       /*设置左内边距*/
    }
</style>
<div id="app">
    <ul>
        <li>
            <router-link to="/homepage">社区</router-link>
        </li>
        <li>
            <router-link to="/service">服务中心</router-link>
        </li>
    </ul>
    <router-view class="left" name="left"></router-view>
    <router-view class="main" name="main"></router-view>
</div>
<script src="https://unpkg.com/vue@3"></script>
<script src="https://unpkg.com/vue-router@4"></script>
<script type="text/javascript">
```

```javascript
        const HomeLeft = {                                //定义 HomeLeft 组件
            template: '<div>最新动态</div>'
        };
        const HomeRight = {                               //定义 HomeRight 组件
            template: `<div>
                <div>关于 Web 服务器升级的通知</div>
                <div>读者注意，本论坛不对书本以外代码提供技术支持! </div>
            </div>`
        };
        const ServiceLeft = {                             //定义 ServiceLeft 组件
            template: `<div>
                <div>意见反馈</div>
                <div>服务条款</div>
            </div>`
        };
        const ServiceRight = {                            //定义 ServiceRight 组件
            template: '<div>欢迎反馈问题，您的意见与建议是我们最大的动力! 为了保障您的权益，请详细阅
读此服务协议所有内容。</div>'
        };
        const routes = [{
            path: '',
            //默认渲染的组件
            components: {
                left: HomeLeft,
                main: HomeRight
            }
        },{
            path: '/homepage',
            // /homepage 匹配成功后渲染的组件
            components: {
                left: HomeLeft,
                main: HomeRight
            }
        },{
            path: '/service',
            // /service 匹配成功后渲染的组件
            components: {
                left: ServiceLeft,
                main: ServiceRight
            }
        }];
        //创建 VueRouter 实例，传入路由配置
        const router = VueRouter.createRouter({
            history: VueRouter.createWebHashHistory(),
            routes
        });
        const vm = Vue.createApp({});
        vm.use(router);                    //调用应用程序实例的 use()方法，传入创建的 router 对象
        vm.mount('#app');
</script>
```

运行结果如图 11-10 和图 11-11 所示。

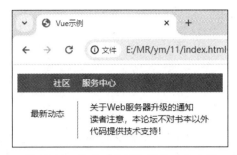

图 11-10 展示"社区"栏目中的内容　　　　图 11-11 展示"服务中心"栏目中的内容

11.5　高级用法

11.5.1　beforeEach()钩子函数

高级用法

beforeEach()是 Vue Router 提供的一个钩子函数，该函数会在路由即将发生改变时触发。使用 beforeEach()钩子函数，在路由发生变化时可以进行一些特殊的处理。该函数的语法格式如下。

```
beforeEach((to, from, next) => {
    // ...
})
```

参数说明如下。

❑　to：即将进入的目标路由对象。

❑　from：即将离开的路由对象。

❑　next：调用该函数后进入下一个钩子函数。

在设置网页标题时经常会用到 beforeEach()钩子函数。因为单页应用只有一个固定的 HTML 文件，当使用路由切换到不同页面时，可以使用 beforeEach()钩子函数来设置网页标题。

【例 11-3】　设置网页标题（实例位置：资源包\MR\源代码\第 11 章\11-3）。

本例实现切换路由时设置网页标题的效果，即当单击某个导航链接时，网页标题也会随之变化。实现步骤如下。

（1）定义<div>元素，并设置其 id 属性值为 app，在该元素中定义一个 class 属性值为 nav 的<div>元素，然后在该元素中使用<router-link>组件定义 4 个导航链接，并将对应的组件模板渲染到<router-view>中。代码如下。

```
<div id="app">
    <div class="nav">
        <router-link to="/">爱情电影</router-link>
        <router-link to="/action">动作电影</router-link>
        <router-link to="/science">科幻电影</router-link>
        <router-link to="/art">文艺电影</router-link>
    </div>
    <router-view></router-view>
</div>
```

（2）编写 CSS 代码，为页面元素设置样式，关键代码如下。

```
<style type="text/css">
```

```css
    .router-link-exact-active{
        background-color:#e36885;/*设置背景颜色*/
        color:#FFFFFF;/*设置文字颜色*/
    }
</style>
```

📖 **说明:** router-link-exact-active 是为当前路由对应的导航链接自动添加的类。在实现导航栏时,可以使用该类高亮显示当前页面对应的导航菜单项。类名中的 exact 表示精确匹配,不加 exact 的类名表示模糊匹配。例如,为嵌套路由中的导航菜单项设置高亮显示可以使用 router-link-active 类。

（3）先定义 4 个组件的模板,然后定义路由,在定义路由时通过 meta 字段设置网页的标题。接着创建 router 对象,再使用 beforeEach()钩子函数,当使用路由切换到不同页面时设置网页的标题,最后创建根组件实例并传入创建的 router 对象。代码如下。

```javascript
<script type="text/javascript">
var Love = {//定义 Love 组件
    template : `<div>
        <ul>
            <li>爱情喜剧</li><li>古典爱情</li><li>现代爱情</li>
        </ul>
    </div>`
}
var Action = {//定义 Action 组件
    template : `<div>
        <ul>
            <li>枪战片</li><li>武侠片</li><li>魔幻片</li>
        </ul>
    </div>`
}
var Science = {//定义 Science 组件
    template : `<div>
        <ul>
            <li>外星人</li><li>自然灾难</li><li>生物变异</li>
        </ul>
    </div>`
}
var Art = {//定义 Art 组件
    template : `<div>
        <ul>
            <li>纪录片</li><li>歌舞片</li><li>音乐片</li>
        </ul>
    </div>`
}
var routes = [
    {    //默认渲染 Love 组件
        path: '',
        component: Love,
        meta: {
            title: '爱情电影'
        }
    },
    {
```

```
                path: '/love',
                name: 'love',
                component: Love,
                meta: {
                        title: '爱情电影'
                }
        },
        {
                path: '/action',
                name: 'action',
                component: Action,
                meta: {
                        title: '动作电影'
                }
        },
        {
                path: '/science',
                name: 'science',
                component: Science,
                meta: {
                        title: '科幻电影'
                }
        },
        {
                path: '/art',
                name: 'art',
                component: Art,
                meta: {
                        title: '文艺电影'
                }
        }
]
const router = VueRouter.createRouter({
        history: VueRouter.createWebHashHistory(),
        routes
});
router.beforeEach((to, from, next) => {
        document.title = to.meta.title;
        next();
})
const vm = Vue.createApp({});
vm.use(router);//调用应用程序实例的 use()方法，传入创建的 router 对象
vm.mount('#app');
</script>
```

运行实例，当单击不同的导航链接时，网页的标题也会随之变化。结果如图 11-12 和图 11-13 所示。

图 11-12　显示"爱情电影"页面

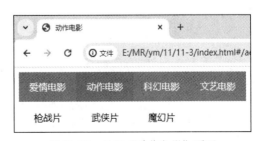

图 11-13　显示"动作电影"页面

11.5.2　scrollBehavior()方法

在单页应用中使用路由功能，如果在切换到新的路由之前页面中出现了滚动条，那么在默认情况下，切换路由之后的页面并不会滚动到顶部。如果想要使页面滚动到顶部，或者保持原来的滚动位置，需要使用 Vue Router 提供的 scrollBehavior()方法来实现。该方法用于自定义路由切换时页面如何滚动。scrollBehavior()方法的语法格式如下。

```
scrollBehavior (to, from, savedPosition) {
    //return 期望滚动到哪个位置
}
```

参数说明如下。

❑　to：即将进入的目标路由对象。

❑　from：即将离开的路由对象。

❑　savedPosition：当导航通过浏览器的"前进"或"后退"按钮触发时才可用。

scrollBehavior()方法会返回一个滚动位置对象，用于指定新页面的滚动位置。该对象的两个位置属性是 top 和 left，top 属性指定沿 y 轴滚动后的位置，left 属性指定沿 x 轴滚动后的位置。

下面是一个路由切换时使页面滚动到顶部的示例，代码如下。

```
<style>
    p{
        margin-top: 200px;                              /*设置上外边距*/
    }
</style>
<div id="app">
    <p>
        <router-link to="/">电影</router-link>
        <router-link to="/music">音乐</router-link>
    </p>
    <router-view></router-view>
</div>
<script src="https://unpkg.com/vue@3"></script>
<script src="https://unpkg.com/vue-router@4"></script>
<script type="text/javascript">
    const Movie = {
        template : '<div style="height: 1500px">电影页面</div>'
    }
    const Music = {
        template : '<div style="height: 1500px">音乐页面</div>'
    }
    const routes = [
        {
            path: '/',
            component: Movie
        },{
            path: '/music',
            component: Music
        }
    ];
```

```
        //创建 VueRouter 实例，传入路由配置
    const router = VueRouter.createRouter({
        history: VueRouter.createWebHashHistory(),
        routes,
        //跳转页面后置顶
        scrollBehavior(to,from,savedPosition){
            if(savedPosition){
                return savedPosition;
            }else{
                return {top:0,left:0}
            }
        }
    });
    const vm = Vue.createApp({});
    vm.use(router);                         //调用应用程序实例的 use()方法，传入创建的 router 对象
    vm.mount('#app');
</script>
```

运行代码，单击"电影"或"音乐"链接，在页面内容切换的同时，页面会自动滚动到顶部。而当导航通过浏览器的"前进"或"后退"按钮触发时，页面的滚动条不会发生变化。

11.6 AIGC 辅助编程——使用两种方式实现内容切换

在使用 Vue.js 中的路由时，AIGC 工具可以提供有力的支持。下面介绍如何利用 AIGC 工具来巩固本章所学的知识。

11.6.1 实现简单的选项卡切换

在 AIGC 工具的输入框中输入"使用 Vue 3 的路由功能实现简单的选项卡切换"，AIGC 工具会自动生成实例的实现方法。

为了展示如何使用 Vue Router 来实现这一功能，这里将给出一个简单的例子，其中每个选项卡都映射到一个不同的路由。

1. 设置 Vue Router

首先，需要安装 Vue Router 并配置路由。然后，在项目中创建一个路由配置文件。代码如下。

```
import { createRouter, createWebHistory } from 'vue-router';
import TabOne from '../views/TabOne.vue';          //假设有这些视图组件
import TabTwo from '../views/TabTwo.vue';
import TabThree from '../views/TabThree.vue';
const routes = [                                    //定义路由配置
  { path: '/tab1', name: 'TabOne', component: TabOne },
  { path: '/tab2', name: 'TabTwo', component: TabTwo },
  { path: '/tab3', name: 'TabThree', component: TabThree },
];
const router = createRouter({                        //创建一个路由实例
  history: createWebHistory(process.env.BASE_URL),
  routes,
});
export default router;
```

2. 创建视图组件

为每个选项卡内容创建单独的视图组件（如 TabOne.vue、TabTwo.vue、TabThree.vue）。

3. 在主组件中使用路由

在主组件（如 App.vue）中，使用<router-link>来创建选项卡链接，并使用<router-view>来显示当前路由对应的组件。代码如下。

```
<div id="app">
   <nav>
    <ul>
      <li><router-link to="/tab1">Tab 1</router-link></li>
      <li><router-link to="/tab2">Tab 2</router-link></li>
      <li><router-link to="/tab3">Tab 3</li>
    </ul>
   </nav>
   <router-view></router-view>
</div>
```

然而，对于简单的选项卡切换，通常建议使用组件内部的状态管理（例如使用 Vue 的响应式数据）和条件渲染（例如使用<component :is="...">或<div v-if="...">）功能来实现，而不是通过 Vue Router 进行完整的路由跳转。

11.6.2 使用编程式导航实现内容切换

在 AIGC 工具的输入框中输入"使用 Vue 3 路由编程式导航实现内容切换"，AIGC 工具会自动生成实例的实现方法。

以下是一个简单的例子，说明如何使用 Vue 3 路由编程式导航来实现内容切换。

1. 配置 Vue Router

```
//router.js
import { createRouter, createWebHistory } from 'vue-router';
const Home = { template: '<div>Home Page Content</div>' };
const About = { template: '<div>About Page Content</div>' };
const Contact = { template: '<div>Contact Page Content</div>' };
const routes = [                          //定义路由配置
  { path: '/', name: 'Home', component: Home },
  { path: '/about', name: 'About', component: About },
  { path: '/contact', name: 'Contact', component: Contact },
];
const router = createRouter({              //创建一个路由实例
  history: createWebHistory(),
  routes,
});
export default router;
```

2. 创建 Vue 实例并挂载路由

```
<script src="https://unpkg.com/vue@3"></script>
<script src="https://unpkg.com/vue-router@4"></script>
<div id="app">
  <nav>
   <ul>
     <li><a href="#" @click.prevent="goToHome">Home</a></li>
     <li><a href="#" @click.prevent="goToAbout">About</a></li>
```

```
        <li><a href="#" @click.prevent="goToContact">Contact</a></li>
      </ul>
    </nav>
    <router-view></router-view>
  </div>
  <script src="router.js"></script>  <!-- 引入路由配置 -->
  <script>
    const { createApp } = Vue;
    const appConfig = {
      methods: {
        goToHome() {
          router.push({ name: 'Home' });         //根据路由名称导航到 Home 路由
        },
        goToAbout() {
          router.push({ name: 'About' });         //根据路由名称导航到 About 路由
        },
        goToContact() {
          router.push({ name: 'Contact' });       //根据路由名称导航到 Contact 路由
        }
      }
    };
    const app = createApp(appConfig);
    const router = routerConfig.default;         //假设 router.js 导出一个名为 routerConfig 的
对象, 其 default 属性是路由实例
    app.use(router);
    app.mount('#app');
  </script>
```

上面的代码假设 router.js 文件导出一个名为 routerConfig 的对象, 其 default 属性是 Vue Router 实例。这是因为在实际项目中, 我们可能会在 router.js 文件中导出路由配置, 并在主文件中导入它。如果从 router.js 文件直接导出路由实例, 则应该直接导入并使用它, 而不是像上面那样通过 default 属性来访问。

在生成实例代码后, 还可以继续提问, 如在 AIGC 工具的输入框中输入 "完善上面的代码, 添加内容切换时的过渡效果", AIGC 工具会自动生成如下建议。

为了在 Vue 应用中添加路由切换时的过渡效果, 可以使用 Vue Router 提供的<transition>组件。这个组件允许在路由切换时应用 CSS 过渡效果。以下是完善后的代码, 包括添加过渡效果的步骤。

（1）修改 HTML 模板, 添加 <transition> 组件, 并用它包裹 <router-view>。

（2）添加 CSS 样式来定义过渡效果。

router.js 这部分代码保持不变。修改 HTML 和 JavaScript 代码以添加过渡效果, 代码如下。

```
<style>
    /* 定义过渡效果的 CSS */
    .fade-enter-active, .fade-leave-active {
      transition: opacity 0.5s;
    }
    .fade-enter-from, .fade-leave-to {
      opacity: 0;
    }
```

```
    </style>
    <div id="app">
      <nav>
        <ul>
          <li><a href="#" @click.prevent="goToHome">Home</a></li>
          <li><a href="#" @click.prevent="goToAbout">About</a></li>
          <li><a href="#" @click.prevent="goToContact">Contact</a></li>
        </ul>
      </nav>
      <!-- 使用 <transition> 组件包裹 <router-view> -->
      <transition name="fade">
        <router-view></router-view>
      </transition>
    </div>
    <script src="https://unpkg.com/vue@3"></script>
    <script src="https://unpkg.com/vue-router@4"></script>
    <script src="router.js"></script> <!-- 引入路由配置 -->
    <script>
      const { createApp } = Vue;
      const appConfig = {
        methods: {
          goToHome() {
            router.push({ name: 'Home' });        //根据路由名称导航到 Home 路由
          },
          goToAbout() {
            router.push({ name: 'About' });        //根据路由名称导航到 About 路由
          },
          goToContact() {
            router.push({ name: 'Contact' });     //根据路由名称导航到 Contact 路由
          }
        }
      };
      const app = createApp(appConfig);
      const router = require('./router.js').default;     //正确引入路由实例
      app.use(router);
      app.mount('#app');
    </script>
```

现在，当单击导航链接时，路由组件之间的切换应该带有淡入淡出的过渡效果。

小结

本章主要介绍了 Vue.js 中的路由管理功能。利用 Vue Router 可以实现路由管理，从而实现页面之间的跳转。

上机指导

实现通过选项卡切换不同品牌的手机信息的效果。页面中有 3 个选项卡，内容分别为不同品牌的手机系列，如图 11-14 所示。当单击不同的选项卡标签时，页面下方会显示对应品牌的手机信息，如图 11-15 所示（实例位置：资源包\MR\上机指导\第 11 章\）。

图 11-14 显示 OPPO 系列手机内容

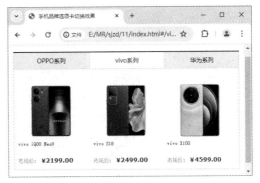
图 11-15 显示 vivo 系列手机内容

开发步骤如下。

（1）创建 HTML 文件，在文件中使用 CDN 方式分别引入 Vue.js 和 Vue Router，代码如下。

```
<script src="https://unpkg.com/vue@3"></script>
<script src="https://unpkg.com/vue-router@4"></script>
```

（2）编写 HTML 代码，首先定义<div>元素，并设置其 id 属性值为 app，在该元素中应用<ul>定义 3 个选项卡，并应用<router-view>渲染 3 个选项卡对应的组件内容，然后定义 3 个选项卡对应的组件模板内容，代码如下。

```
<div id="app">
    <div class="tabBox">
        <div class="shopType">
            <ul :class="current">
                <li class="oppo" v-on:click="show('oppo')">OPPO 系列</li>
                <li class="vivo" v-on:click="show('vivo')">vivo 系列</li>
                <li class="huawei" v-on:click="show('huawei')">华为系列</li>
            </ul>
        </div>
        <div class="shop">
            <router-view></router-view>
        </div>
    </div>
</div>
<template id="oppo">
    <ul class="shopList">
        <li>
            <div class="shop-img">
                <a href="">
                    <img src="images/OPPO Find X7.png"></a>
            </div>
            <div class="shop-name">
                <a href="">OPPO Find X7</a></div>
            <div class="shop-price">市场价:
                <strong>¥3999.00</strong></div>
        </li>
        <li>
            <div class="shop-img">
                <a href="">
                    <img src="images/OPPO K11.png"></a>
            </div>
            <div class="shop-name">
```

```
                        <a href="">OPPO K11</a></div>
                <div class="shop-price">市场价:
                        <strong>¥1799.00</strong></div>
            </li>
            <li>
                <div class="shop-img">
                        <a href="">
                            <img src="images/OPPO Reno11.png"></a>
                </div>
                <div class="shop-name">
                        <a href="">OPPO Reno11</a></div>
                <div class="shop-price">市场价:
                        <strong>¥2599.00</strong></div>
            </li>
        </ul>
</template>
<!--省略部分相似代码-->
```

（3）编写 CSS 代码，为页面元素设置样式，具体代码可参考本书提供的资源包。

（4）编写 JavaScript 代码，首先定义各个路由组件，然后创建 VueRouter 实例和 Vue 实例，代码如下。

```
<script type="text/javascript">
const Oppo = {//定义 Oppo 组件
    template : '#oppo'
}
const Vivo = {//定义 Vivo 组件
    template : '#vivo'
}
const Huawei = {//定义 Huawei 组件
    template : '#huawei'
}
const routes = [
    {    //默认渲染 Oppo 组件
        path: '',
        component: Oppo,
    },
    {
        path: '/oppo',
        name: 'oppo',
        component: Oppo
    },
    {
        path: '/vivo',
        name: 'vivo',
        component: Vivo
    },
    {
        path: '/huawei',
        name: 'huawei',
        component: Huawei
    }
]
    const router = VueRouter.createRouter({
        history: VueRouter.createWebHashHistory(),
```

```
                routes
        });
        const vm = Vue.createApp({
            data(){
                return {
                    current: 'oppo'
                }
            },
            methods: {
                show: function(v){
                    this.current = v;
                    this.$router.push({name: v});//跳转到指定名称的路由
                }
            }
        });
vm.use(router);//调用应用程序实例的 use()方法，传入创建的 router 对象
        vm.mount('#app');
</script>
```

习题

11-1   简述引入 Vue Router 的几种方式。

11-2   在应用路由时如何在页面中同时展示多个视图？

第12章 使用 axios 实现 Ajax 请求

本章要点
- 引入 axios 的方法
- 应用 axios 发送 POST 请求
- 应用 axios 发送 GET 请求

在实际的项目开发中，前端页面中需要的数据通常需要从服务端获取，这就需要实现本地与服务端的通信，Vue 推荐使用 axios 来实现 Ajax 请求。本章主要介绍使用 axios 请求数据的方法。

12.1 什么是 axios

什么是 axios

在实际开发过程中，浏览器通常需要和服务端进行数据交互。而 Vue.js 并未提供与服务端通信的接口。Vue 2.0 发布之后，官方推荐使用 axios 来实现 Ajax 请求。axios 是一个基于 Promise 的 HTTP 客户端，它的主要特点如下。

- 在浏览器中创建 XMLHttpRequest。
- 从 Node.js 发出 HTTP 请求。
- 支持 Promise API。
- 拦截请求和响应。
- 转换请求和响应数据。
- 取消请求。
- 自动转换 JSON 数据。
- 客户端支持防御 XSRF。

12.2 引入 axios

引入 axios

在使用 axios 之前需要在页面中引入 axios，可以使用 CDN 方式引入 axios，代码如下。

```
<script src="https://unpkg.com/axios/dist/axios.min.js"></script>
```

如果要在项目中使用 axios，则可以使用 NPM 方式进行安装，在命令提示符窗口中输入如下命令。

```
npm install axios --save
```

或者使用 yarn 命令安装，即

```
yarn add axios -save
```

12.3 发送请求

12.3.1 发送 GET 请求

发送 GET 请求

GET 请求主要用于从服务器获取数据，传递的数据量比较小。使用 axios 发送 GET 请求主要有两种方式。第一种是使用 axios()方法，格式如下。

```
axios(options)
```

options 参数用于设置发送请求的配置选项，示例代码如下。

```
axios({
    method: 'get',                              //请求方式
    url:'/book',                                //请求的 URL
    params:{type:'web',number:10}              //传递的参数
})
```

第二种是使用 axios 的 get()方法，格式如下。

```
axios.get(url[,options])
```

参数说明如下。
- ❏ url：请求的服务器 URL。
- ❏ options：发送请求的配置选项。

示例代码如下。

```
axios.get('/book',{
    params:{                                    //传递的参数
        type : 'web',
        number : 10
    }
})
```

使用 axios 发送 GET 请求时，可以在配置选项中使用 params 字段指定要发送的数据。另外，还可以采用查询字符串的形式将数据附加在 URL 后面。例如，上述代码可以修改为

```
axios.get('/book?type=web&number=10')
```

使用 axios 发送 GET 请求或 POST 请求时，在发送请求后都需要使用回调函数对请求的结果进行处理。如果请求成功，需要使用 then()方法处理请求的结果；如果请求失败，需要使用 catch()方法处理请求的结果。示例代码如下。

```
axios.get('/book',{
    params:{                                    //传递的参数
        type : 'web',
        number : 10
    }
}).then(function(response){
    console.log(response.data);
}).catch(function(error){
    console.log(error);
})
```

【例 12-1】 使用 axios 发送 GET 请求，读取 JSON 文件中的数据，将商品信息显示在页面中（实例位置：资源包\MR\源代码\第 12 章\12-1）。

关键代码如下。

```html
<div id="app">
    <div class="but">
        <button v-on:click="ReqJSON">显示商品信息</button>
    </div>
    <div class="tabBox" v-show="show">
        <div class="shop">
            <ul class="shopList">
                <li v-for="phone in phones">
                    <div class="shop-img">
                        <a href=""><img :src="phone.url"></a>
                    </div>
                    <div class="shop-name">
                        <a href="">{{phone.name}}</a></div>
                    <div class="shop-price">市场价:
                        <strong>¥{{phone.price.toFixed(2)}}</strong></div>
                </li>
            </ul>
        </div>
    </div>
</div>
<script src="https://unpkg.com/vue@3"></script>
<script src="https://unpkg.com/axios/dist/axios.min.js"></script>
<script type="text/javascript">
    const vm = Vue.createApp({
        data(){
            return {
                show: false,
                phones: {}
            }
        },
        methods: {
            ReqJSON: function(){
                this.show = true;
                axios({
                    method: 'get',
                    url:'data.json'
                }).then(function(response){
                    this.phones=response.data;//获取服务器返回的数据
                }.bind(this));
            }
        }
    });
    vm.mount('#app');
</script>
```

运行代码，单击"显示商品信息"按钮，通过读取 JSON 文件中的数据在页面中显示商品信息，结果如图 12-1 所示。

图 12-1　显示商品信息

> 📖 **说明：** axios 代码需要在服务器环境中运行，否则会抛出异常。推荐使用 Apache 作为 Web 服务器。本书使用的是 phpStudy 集成开发工具，其集成了 PHP、Apache 和 MySQL 等服务器软件。安装 phpStudy 后，将本章的实例文件夹存储在网站根目录（通常为 phpStudy 安装目录下的 WWW 文件夹）下，在地址栏中输入"http://localhost/12/12-1/index.html"，然后按<Enter>键运行。

12.3.2　发送 POST 请求

POST 请求主要用于向服务器传递数据，传递的数据量比较大。使用 axios 发送 POST 请求同样有两种方式。第一种是使用 axios()方法，格式如下。

```
axios(options)
```

options 参数用于设置发送请求的配置选项。示例代码如下。

```
axios({
    method:'post',          //请求方式
    url:'/book',            //请求的 URL
    data:{                  //发送的数据
        type:'web',
        number:10
    }
})
```

第二种是使用 axios 的 post()方法，格式如下。

```
axios.post(url,data,[options])
```

参数说明如下。
- ❑ url：请求的服务器 URL。
- ❑ data：发送的数据。
- ❑ options：发送请求的配置选项。

示例代码如下。

```
axios.post('book.php', {
    type:'web',
    number:10
})
```

【例 12-2】 验证用户登录（实例位置：资源包\MR\源代码\第 12 章\12-2）。

在用户登录表单中，使用 axios 检测用户登录是否成功。实现步骤如下。

（1）定义\<div>元素，并设置其 id 属性值为 app，在该元素中定义用户登录表单，应用 v-model 指令对用户名文本框和密码框进行数据绑定，当单击"登录"按钮时调用 login()方法，代码如下。

```
<div id="app">
    <div class="middle-box">
        <span>
            <a class="active">登录页面</a>
        </span>
        <div>
            <form ref="myform">
                <div class="form-group">
                    <label>用户名: </label>
                    <input type="text" class="form-control" placeholder="用户名"
v-model="username" ref="uname">
                </div>
                <div class="form-group">
                    <label>密 码: </label>
                    <input type="password" class="form-control" placeholder="密码"
v-model="pwd" ref="upwd">
                </div>
                <button type="button" id="login" class="btn-primary" @click="login">
登录</button>
            </form>
        </div>
    </div>
</div>
```

（2）编写 CSS 代码，为页面元素设置样式，具体代码参考本书提供的资源包。

（3）创建根组件实例，在实例中定义数据和方法，在定义的 login()方法中，判断用户输入的用户名和密码是否为空，如果不为空就使用 axios 发送 POST 请求，根据服务器返回的响应判断登录是否成功。代码如下。

```
<script src="https://unpkg.com/vue@3"></script>
<script src="https://unpkg.com/axios/dist/axios.min.js"></script>
<script type="text/javascript">
    const vm = Vue.createApp({
        data(){
            return {
                username: '',
                pwd: ''
            }
        },
        methods: {
            login: function(){
                if (this.username == "") {
                    alert("请输入用户名");
```

```
                            this.$refs.uname.focus();//用户名文本框获得焦点
                    } else if (this.pwd == "") {
                        alert("请输入密码");
                        this.$refs.upwd.focus();//密码框获得焦点
                    } else {
                        var data = new FormData()
                        data.append('username', this.username)
                        data.append('pwd', this.pwd)
                        axios.post('index.php',data).then(function(response){
                            if(response.data){//根据服务器返回的响应判断登录结果
                                alert("登录成功! ");
                                this.$refs.myform.submit();//提交表单
                            }else{
                                alert("您输入的用户名或密码不正确! ");
                            }
                        }.bind(this)).catch(function(error){
                            alert(error);
                        });
                    }
                }
            }
        });
        vm.mount('#app');
    </script>
```

运行实例，在表单中输入正确的用户名 "tony" 和密码 "123456"，单击 "登录" 按钮后会显示登录成功的提示，如图 12-2 所示。

图 12-2 输出登录结果

12.4 AIGC 辅助编程——获取响应数据

在学习使用 axios 发送请求时，AIGC 工具可以提供有力的支持。下面介绍如何利用 AIGC 工具来巩固本章所学的知识。

12.4.1 使用 axios 发送 GET 请求以获取响应数据

在 AIGC 工具的输入框中输入 "使用 axios 发送 GET 请求以获取响应数据"，AIGC 工具会自动生成实例的实现方法。

如果在浏览器环境中使用 axios 发送 GET 请求，并且不使用 Node.js，那么可以直接通过 CDN 引入 axios，然后在 JavaScript 代码中发送请求。以下是一个简单的 HTML 文件示例，它展示如何在浏览器中做到这一点。具体代码如下。

```html
<body>
  <h1>Axios GET Request Example</h1>
  <button id="fetchDataButton">Fetch Data</button>
  <pre id="responseData"></pre>
  <script>
  document.addEventListener('DOMContentLoaded', function () {
    const fetchDataButton = document.getElementById('fetchDataButton');
    const responseDataElement = document.getElementById('responseData');
    fetchDataButton.addEventListener('click', function () {
      axios.get('https://api.example.com/data')      //请替换为实际的 API 端点
        .then(function (response) {
          responseDataElement.textContent = JSON.stringify(response.data, null, 2);
      //成功获取数据，将响应数据格式化为 JSON 字符串并显示在页面中
        })
        .catch(function (error) {
          responseDataElement.textContent = 'Error fetching data: ' + error.message;
      //请求失败时（如网络问题、API 不可用、请求被拒绝等），处理错误
        });
    });
  });
  </script>
</body>
```

请确保将 https://api.example.com/data 替换为想要发送 GET 请求的实际 API 端点。此外，由于这是一个跨域请求，因此需要确保目标服务器配置了 CORS（跨源资源共享）策略，以允许从网页发送请求。

在生成实例代码后，还可以继续提问，如在 AIGC 工具的输入框中输入"完善上面的代码，处理不同类型的错误"，AIGC 工具会自动生成如下建议。

为了完善上面的代码并更好地处理不同类型的错误，我们可以根据 axios 错误的响应对象 error 中的属性来进行分类处理。axios 的错误对象通常包含 response 和 request 属性，这些属性可以帮助我们区分是请求错误还是响应错误，以及错误的具体类型。

以下是完善后的代码，它增加了对不同类型的错误的处理。

```html
<body>
  <h1>Axios GET Request Example</h1>
  <button id="fetchDataButton">Fetch Data</button>
  <pre id="responseData"></pre>
  <script>
  document.addEventListener('DOMContentLoaded', function () {
    const fetchDataButton = document.getElementById('fetchDataButton');
    const responseDataElement = document.getElementById('responseData');
    fetchDataButton.addEventListener('click', function () {
      //替换为实际的 API 端点
      const apiEndpoint = 'https://api.example.com/data';
      axios.get(apiEndpoint)
        .then(response => {
          //成功获取数据，将响应数据格式化为 JSON 字符串并显示在页面中
```

```
                responseDataElement.textContent = JSON.stringify(response.data, null, 2);
            })
            .catch(error => {
              //处理错误
              let errorMessage;
              if (error.response) {
                //服务器返回了一个状态码，范围在 2xx 以外
                errorMessage = `Error ${error.response.status}: ${error.response.statusText}`;
                //如果需要，可以进一步处理 error.response.data 中的错误信息
              } else if (error.request) {
                //请求已经发出，但没有收到响应
                errorMessage = 'No response received from server. Check your network
connection.';
              } else {
                //其他错误（如设置请求时发生的错误）
                errorMessage = 'Error setting up request: ' + error.message;
              }
              //将错误信息显示在页面中
              responseDataElement.textContent = errorMessage;
            });
        });
      });
    </script>
  </body>
```

在这个完善后的版本中，我们根据 error 对象中的 response 和 request 属性来判断错误的类型，并生成相应的错误信息。这样，用户就可以更清楚地了解发生了什么问题，如是服务器返回错误状态码、请求没有收到响应，还是在设置请求时发生错误。这些信息对调试代码和提升用户体验都是非常有价值的。

12.4.2 使用 axios 发送 POST 请求以获取响应数据

在 AIGC 工具的输入框中输入"使用 axios 发送 POST 请求以获取响应数据"，AIGC 工具会自动生成实例的实现方法。

使用 axios 发送 POST 请求并获取响应数据同样是一个常见的操作。以下是一个在浏览器环境中使用 axios 发送 POST 请求的示例，该请求包含一些数据，并处理从服务器返回的响应。具体代码如下。

```
  <body>
    <h1>Axios POST Request Example</h1>
    <form id="dataForm">
      <label for="name">Name:</label>
      <input type="text" id="name" name="name" required><br><br>
      <label for="age">Age:</label>
      <input type="number" id="age" name="age" required><br><br>
      <button type="submit">Submit</button>
    </form>
    <pre id="responseData"></pre>
    <script>
      document.addEventListener('DOMContentLoaded', function () {
        const dataForm = document.getElementById('dataForm');
        const responseDataElement = document.getElementById('responseData');
        //为 dataForm 表单添加提交事件监听器
```

```
        dataForm.addEventListener('submit', function (event) {
          event.preventDefault();                          //阻止表单的默认提交行为
          const formData = new FormData(dataForm);          //收集表单中的数据
          const data = {
            name: formData.get('name'),
            age: formData.get('age')
          };
          axios.post('https://api.example.com/submit', data)//替换为实际的 API 端点
            .then(function (response) {
              responseDataElement.textContent = JSON.stringify(response.data, null, 2);
          //请求成功时，处理响应数据
            })
            .catch(function (error) {
              responseDataElement.textContent = 'Error submitting data: ' + error.message;
//请求失败时，处理错误数据
            });
        });
      });
    </script>
  </body>
```

请确保将 https://api.example.com/submit 替换为想要发送 POST 请求的实际 API 端点，并且该端点应该能够处理 POST 请求并返回响应数据。此外，由于这是一个跨域请求，需要确保目标服务器配置了 CORS（跨源资源共享）策略，以允许从网页发送请求。

小结

本章主要介绍了使用 axios 实现数据请求的方法，通过 axios 可以方便地和服务端进行数据交互。

上机指导

在用户注册表单中，使用 axios 检测输入的用户名是否被占用。如果输入的用户名已经存在，则在右侧提示"该用户名已存在!"，结果如图 12-3 所示。如果输入的用户名不存在，则在右侧提示"该用户名可以注册!"，结果如图 12-4 所示（实例位置：资源包\MR\上机指导\第 12 章\）。

图 12-3　提示用户名已存在　　　　　　　图 12-4　提示用户名可以注册

开发步骤如下。

（1）创建 HTML 文件，在文件中使用 CDN 方式引入 Vue.js 和 axios，代码如下。

```
<script src="https://unpkg.com/vue@3"></script>
<script src="https://unpkg.com/axios/dist/axios.min.js"></script>
```

（2）编写 HTML 代码，定义<div>元素，并设置其 id 属性值为 app，在该元素中定义用户注册表单，应用 v-model 指令对用户名文本框进行数据绑定，代码如下。

```html
<div id="app">
    <div class="middle-box">
        <span>
            <a class="active">注册</a>
        </span>
        <form name="form" autocomplete="off">
            <div class="form-group">
                <label for="name">用户名: </label>
                <input id="name" type="text" class="form-control" placeholder="请输入
用户名" v-model="username">
                <span :style="{color:fcolor}">{{info}}</span>
            </div>
            <div class="form-group">
                <label for="password">密 码: </label>
                <input    id="password"    type="password"    class="form-control"
placeholder="请输入密码">
            </div>
            <div class="form-group">
                <label for="passwords">确认密码: </label>
                <input    id="passwords"    type="password"    class="form-control"
placeholder="请输入确认密码">
            </div>
            <div>
                <button type="button" class="btn-primary">注 册</button>
            </div>
        </form>
    </div>
</div>
```

（3）编写 CSS 代码，为页面元素设置样式，具体代码可参考本书提供的资源包。

（4）创建根组件实例，在实例中定义数据，并对定义的 username 属性进行监听，当用户名文本框的值发生变化时，使用 axios 发送 GET 请求，对服务器返回的响应数据进行遍历，在遍历时判断输入的用户名是否已存在，代码如下。

```html
<script type="text/javascript">
    const vm = Vue.createApp({
        data(){
            return {
                username: '',//用户名
                info: '',//提示信息
                fcolor: ''//提示文字颜色
            }
        },
        watch: {
            username: function(val){
                axios({
                    method: 'get',
                    url:'user.json'
                }).then(function(response){
                    const nameArr = response.data;//获取响应数据
```

```
            let result = true;//定义变量
            for(let i=0;i<nameArr.length;i++){
                if(nameArr[i].name === val){//判断用户名是否已存在
                    result = false;//为变量重新赋值
                    break;//退出 for 循环
                }
            }
            if(!result){       //用户名已存在
                this.info = '该用户名已存在！';
                this.fcolor = 'red';
            }else{          //用户名不存在
                this.info = '该用户名可以注册！';
                this.fcolor = 'green';
            }
        }.bind(this));
      }
    }
  });
  vm.mount('#app');
</script>
```

习题

12-1　简述引入 axios 的几种方式。

12-2　使用 axios 发送 POST 请求以传递数据有哪几种方式？

12-3　在使用 axios 发送请求后的回调函数中，怎样访问当前 Vue 实例中的数据？

第13章 Vue CLI

本章要点
- ❏ Vue CLI 的安装方法
- ❏ 单文件组件的使用
- ❏ 使用 Vue CLI 创建项目

在开发大型项目时，需要考虑项目的组织结构，以及项目的构建和部署等问题。如果手动完成这些配置工作，工作效率会非常低。为此，Vue.js 官方提供了一款脚手架生成工具 Vue CLI，通过该工具可以快速构建项目，并实现项目的一些初始配置。本章主要讲解脚手架工具 Vue CLI 的使用。

13.1 Vue CLI 简介

Vue CLI 是一个基于 Vue.js 进行快速开发的完整系统。新版本的 Vue CLI 的包名由原来的 vue-cli 改成了@vue/cli。

Vue CLI 有几个独立的部分，分别如下。

Vue CLI 简介

1．CLI

CLI 是全局安装的 NPM 包，提供了一些 vue 命令。使用 vue create 命令可以快速搭建一个新项目，使用 vue serve 命令可以构建新想法的原型，使用 vue ui 命令可以使用图形化界面管理项目。

2．CLI 服务

CLI 服务（@vue/cli-service）是一个开发环境依赖，它是一个 NPM 包，安装在使用@vue/cli 创建的每个项目中。CLI 服务构建于 webpack 和 webpack-dev-server 之上，包含以下内容。
- ❏ 加载其他 CLI 插件的核心服务。
- ❏ 一个为绝大部分应用优化过的内部 webpack 配置。
- ❏ 项目内部的 vue-cli-service 命令，提供 serve、build 和 inspect 命令。

3．CLI 插件

CLI 插件是向 Vue 项目提供可选功能的 NPM 包。在项目内部运行 vue-cli-service 命令时，它会自动解析并加载 package.json 文件中列出的所有 CLI 插件。CLI 插件可以作为项目创建过程的一部分，也可以后期加入项目。

13.2 Vue CLI 的安装

Vue CLI 的安装

Vue CLI 是应用 Node.js 编写的命令行工具，需要进行全局安装。如果想安装它的最新版本，需要在命令提示符窗口中输入如下命令：

```
npm install -g @vue/cli
```

📖 说明：如果想安装 Vue CLI 的指定版本，可以在上述命令的最后添加"@"符号，再在"@"符号后添加要安装的版本号。例如，安装@vue/cli 5.0.6 可输入如下命令：

```
npm install -g @vue/cli@5.0.6
```

安装后，可以在命令提示符窗口中执行如下命令来检查版本是否正确，并验证 Vue CLI 是否安装成功：

```
vue --version
```

如果在窗口中显示了 Vue CLI 的版本号，则表示安装成功，如图 13-1 所示。

图 13-1　显示 Vue CLI 的版本号

⚠️ 注意：计算机连接互联网后，Vue CLI 才能安装成功。

📖 说明：使用@vue/cli 需要 Node.js 8.9 或更高版本（推荐 8.11.0+）。

13.3 创建项目

创建项目

使用 Vue CLI 创建项目有两种方式：一种是使用 vue create 命令进行创建，另一种是使用 vue ui 命令启动图形界面进行创建。

13.3.1 使用 vue create 命令

在命令提示符窗口中选择项目的存储目录，使用 vue create 命令创建一个名为 myapp 的项目，命令如下。

```
vue create myapp
```

执行命令后，会提示选择一个 preset（预设）。一共有 3 个选项，前两个选项是默认设置，适合快速创建一个项目。第三个选项"Manually select features"需要手动对项目进行配置。这里使用<↓>键选择"Manually select features"选项，如图 13-2 所示。

图 13-2　选择一个 preset

按<Enter>键，此时会显示项目的配置选项。这些配置选项及其说明如表 13-1 所示。

表 13-1　配置选项及其说明

配置选项	说明
Babel	转码器，用于将 ES6 代码转换为 ES5 代码
TypeScript	微软开发的开源编程语言，编译出来的 JavaScript 代码可运行于任何浏览器
Progressive Web App（PWA）Support	支持渐进式 Web 应用程序
Router	路由管理
Vuex	Vue 的状态管理，详细介绍见第 14 章
CSS Pre-processors	CSS 预处理器（如 Less）
Linter / Formatter	代码风格检查和格式校验
Unit Testing	单元测试
E2E Testing	端到端测试

借助<↑>或<↓>键进行移动，再按<Backspace>键确认选择，这里保持默认的 Babel 和 Linter / Formatter 的选中状态，如图 13-3 所示。

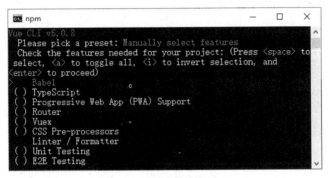

图 13-3　项目的配置选项

按<Enter>键，此时会提示选择项目中使用的 Vue 的版本，这里选择默认的 3.x，如图 13-4 所示。

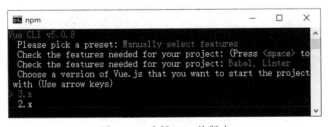

图 13-4　选择 Vue 的版本

按<Enter>键，此时会提示选择代码风格检查和格式校验选项的配置。第一个选项是指 ESLint 仅用于错误预防，后 3 个选项用于选择 ESLint 和哪一种代码规范一起使用。这里选择默认选项，如图 13-5 所示。

按<Enter>键，此时会提示选择代码检测方式，这里选择默认选项（Lint on save），表示保存时检测，如图 13-6 所示。

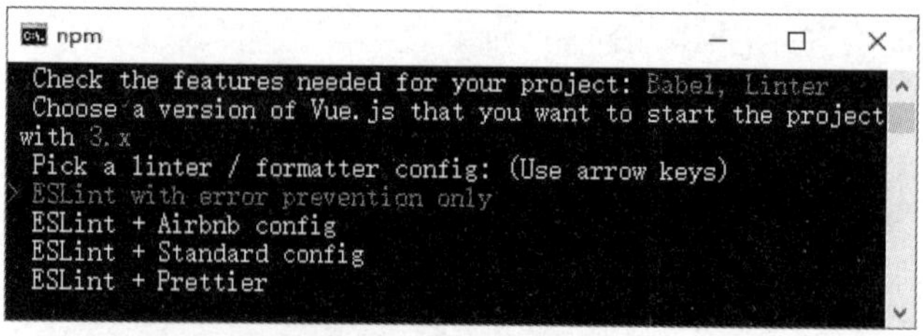

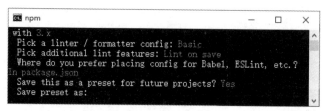

图 13-5　选择代码风格检查和格式校验选项

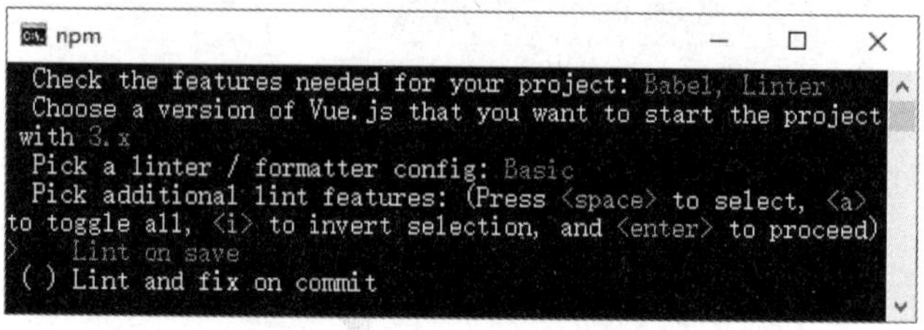

图 13-6　选择代码检测方式

按<Enter>键，此时会提示选择配置信息的存放位置。第一个选项是指在专门的配置文件中存放配置信息，第二个选项是将配置信息存储在 package.json 文件中。这里选择第二个选项，如图 13-7 所示。

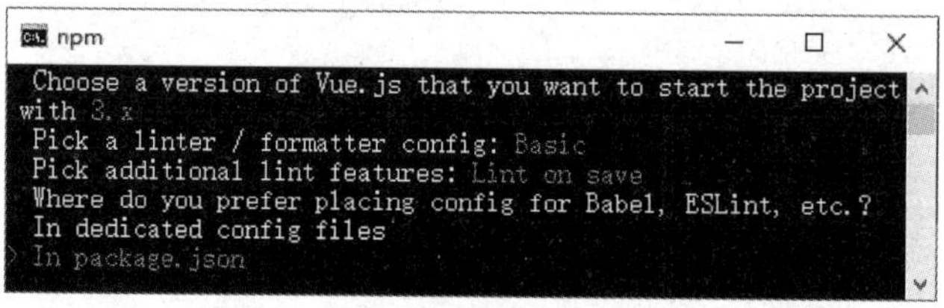

图 13-7　选择配置信息的存放位置

按<Enter>键，此时会询问是否保存当前的配置。如果选择了保存，以后再创建项目时，就会出现保存过的配置，直接选择该配置即可。输入"y"表示保存，如图 13-8 所示。

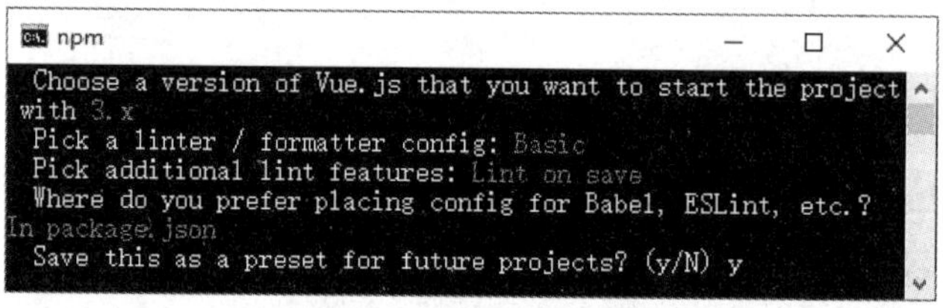

图 13-8　是否保存当前的配置

按<Enter>键，此时会提示输入当前配置的名字，如图 13-9 所示。

图 13-9　提示输入当前配置的名字

输入名字后按<Enter>键开始创建项目。项目创建完成的效果如图 13-10 所示。

图 13-10　项目创建完成的效果

根据提示在命令提示符窗口中输入"cd myapp"命令切换到项目目录，然后输入"npm run serve"命令运行项目。项目运行后，在浏览器中访问 http://localhost:8080/，项目的初始页面如图 13-11 所示。

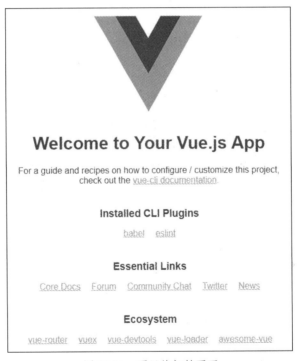

图 13-11　项目的初始页面

📖 说明：要终止项目的运行，在命令提示符窗口中按 Ctrl+C 组合键即可。

在应用 Vue CLI 创建项目之后，可以根据实际需求对项目中的文件进行任意修改，从而构建比较复杂的应用。

13.3.2　使用图形界面

使用图形界面创建项目需要使用 vue ui 命令。在命令提示符窗口中输入"vue ui"命令，按<Enter>键后，会在浏览器窗口中打开创建 Vue 项目的图形界面管理程序。在管理程序中可以创建新项目、管理项目、配置插件和执行任务等。使用图形界面创建新项目的界面如图 13-12 所示。

图 13-12　使用图形界面创建新项目的界面

根据图形界面中的提示即可分步完成项目的创建。

13.4 项目结构

项目结构

通过 Vue CLI 创建项目后，当前目录下会自动生成项目文件夹 myapp。项目结构如图 13-13 所示。

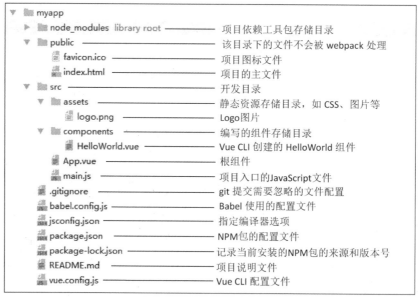

图 13-13　项目结构

下面对几个关键的文件进行介绍，包括 src 文件夹下的 App.vue 文件和 main.js 文件、public 文件夹下的 index.html 文件。

1．App.vue 文件

该文件是一个单文件组件，文件中包含模板代码、组件代码和 CSS 样式规则。代码如下。

```
<template>
  <img alt="Vue logo" src="./assets/logo.png">
  <HelloWorld msg="Welcome to Your Vue.js App"/>
</template>

<script>
import HelloWorld from './components/HelloWorld.vue'

export default {
  name: 'App',
  components: {
    HelloWorld
  }
}
</script>

<style>
#app {
  font-family: Avenir, Helvetica, Arial, sans-serif;
  -webkit-font-smoothing: antialiased;
  -moz-osx-font-smoothing: grayscale;
  text-align: center;
  color: #2c3e50;
  margin-top: 60px;
}
</style>
```

上述代码使用 import 语句引入了 HelloWorld 组件，并且在<template>元素中使用了该组件。

📖 说明：App 组件是项目的根组件。在实际开发中，可以修改代码中的 import 语句，将引入的组件替换为其他组件。

2．main.js 文件

该文件是程序入口的 JavaScript 文件，主要用于加载公共组件和项目需要用到的各种插件，并创建 Vue 的根实例。代码如下。

```
import { createApp } from 'vue'
import App from './App.vue'

createApp(App).mount('#app')
```

上述代码使用 import 语句引入了 createApp。和 HTML 文件中使用 CDN 方式引入 Vue.js 不同，对于使用 Vue CLI 创建的项目，引入模块都采用这种方式。

3．index.html 文件

该文件为项目的主文件，文件中有一个 id 属性值为 app 的<div>元素，组件实例会自动挂载到该元素上。代码如下。

```
<!DOCTYPE html>
<html lang="">
  <head>
    <meta charset="utf-8">
    <meta http-equiv="X-UA-Compatible" content="IE=edge">
    <meta name="viewport" content="width=device-width,initial-scale=1.0">
    <link rel="icon" href="<%= BASE_URL %>favicon.ico">
    <title><%= htmlWebpackPlugin.options.title %></title>
  </head>
  <body>
    <noscript>
      <strong>We're sorry but <%= htmlWebpackPlugin.options.title %> doesn't work properly
without JavaScript enabled. Please enable it to continue.</strong>
    </noscript>
    <div id="app"></div>
    <!-- built files will be auto injected -->
  </body>
</html>
```

13.5 单文件组件

单文件组件

将一个组件的 HTML、JavaScript 和 CSS 代码应用各自的标签写在一个文件中，这样的文件即单文件组件。单文件组件是 Vue 自定义的一种文件，以.vue 作为文件的扩展名。

下面以之前创建的项目 myapp 为基础，通过一个实例来说明如何在应用中使用单文件组件。

【例 13-1】 输出电影信息（实例位置：资源包\MR\源代码\第 13 章\13-1）。

在项目中使用单文件组件定义电影信息，包括电影图片、电影名称、导演、主演、类型和简介。具体步骤如下。

（1）在 src/assets 文件夹下新建 images 文件夹，并存入一张图片 beauty.jpg。

（2）在 src/components 文件夹下创建 MyMovie.vue 文件，代码如下。

```
<template>
  <div>
    <img :src="imgUrl">
    <div class="content">
        <div class="movie_name">电影名称：{{name}}</div>
        <div class="movie_intro">类型：{{type}}</div>
        <div class="movie_intro">简介：{{intro}}</div>
        <div class="movie_intro">上映时间：{{releaseDate}}</div>
        <div class="movie_intro">票房：{{boxOffice}}</div>
    </div>
  </div>
</template>
<script>
export default {
  data: function () {
    return {
      imgUrl: require('@/assets/images/beauty.jpg'),
      name: '美女与野兽',
```

```
        type: '爱情片',
        intro: '迪士尼同名动画电影改编',
        releaseDate: '2017年3月17日',
        boxOffice: '12.6亿美元'
      }
    }
  }
}
</script>
<style scoped>
body{
  font-family:微软雅黑;/*设置字体*/
}
img{
  width:300px;/*设置宽度*/
  float:left;/*设置向左浮动*/
}
.content{
  float:left;/*设置向左浮动*/
  margin-left: 30px;/*设置左外边距*/
}
.movie_name{
  font-size:26px;/*设置文字大小*/
  color: #333333;/*设置文字颜色*/
  margin-top:25px;/*设置上外边距*/
}
.movie_intro{
  font-size:18px;/*设置文字大小*/
  margin-top:35px;/*设置上外边距*/
}
</style>
```

📖 **说明**：在默认情况下，单文件组件中的 CSS 样式是全局样式。如果需要使 CSS 样式仅在当前组件中生效，需要设置<style>标签的 scoped 属性。

（3）打开 App.vue 文件，将 HelloWorld 组件替换为 MyMovie 组件。修改后的代码如下。

```
<template>
    <MyMovie />
</template>

<script>
    import MyMovie from '@/components/MyMovie'

    export default {
        name: 'App',
        components: {
            MyMovie
        }
    }
</script>
```

📖 **说明**：import 语句中的"@"表示 src 目录，使用该符号可以简化路径。引入的 MyMovie 组件可以不写扩展名.vue，因为项目内置的 webpack 可以自动添加扩展名.vue。

运行项目，在浏览器中访问 http://localhost:8080/，输出结果如图 13-14 所示。

图 13-14　输出结果

13.6　AIGC 辅助编程——单文件组件的应用

在学习 Vue CLI 和单文件组件时，AIGC 工具可以提供有力的支持。下面介绍如何利用 AIGC 工具来巩固本章所学的知识。

13.6.1　编写一个简单的计数器组件

在 AIGC 工具的输入框中输入"使用 Vue 3 编写一个简单的计数器组件"，AIGC 工具会自动生成实例的实现方法。

以下是一个使用选项式 API 编写的简单计数器组件的示例，名为 Counter.vue。具体代码如下。

```
<template>
  <div class="counter">
    <h1>Counter: {{ count }}</h1>
    <button @click="increment">Increment</button>
    <button @click="decrement">Decrement</button>
  </div>
</template>
<script>
export default {
  name: 'Counter',
  data() {
    return {
      count: 0//定义一个名为 count 的数据属性，初始值为 0
    };
  },
  methods: {
    increment() {
      this.count++;  //count 属性值增加 1
    },
    decrement() {
      this.count--;  //count 属性值减少 1
    }
  }
```

```
  };
</script>
<style scoped>
.counter {
  text-align: center;
  margin-top: 50px;
}
button {
  margin: 10px;
  padding: 10px 20px;
  font-size: 16px;
}
</style>
```

这个组件可以像其他 Vue 组件一样在 Vue 应用中使用。例如，可以在另一个组件的模板中通过<Counter />标签来引入它。

在生成实例代码后，还可以继续提问，如在 AIGC 工具的输入框中输入"完善上面的代码，增加重置功能"，AIGC 工具会自动生成如下建议。

为了完善上面的代码并增加重置功能，可以在 Vue 组件中添加一个新的方法来重置计数器，并在模板中添加一个相应的按钮来触发这个方法。以下是修改后的代码。

```
<template>
  <div class="counter">
    <h1>Counter: {{ count }}</h1>
    <button @click="increment">Increment</button>
    <button @click="decrement">Decrement</button>
    <button @click="reset">Reset</button> <!-- 新增的重置按钮 -->
  </div>
</template>
<script>
export default {
  name: 'Counter',
  data() {
    return {
      count: 0                        //定义一个名为 count 的数据属性，初始值为 0
    };
  },
  methods: {
    increment() {
      this.count++;                   //count 属性值增加 1
    },
    decrement() {
      this.count--;                   //count 属性值减少 1
    },
    reset() {                         //新增的重置方法
      this.count = 0;                 //重置计数器到 0
    }
  }
};
</script>
<style scoped>
.counter {
  text-align: center;
```

```
    margin-top: 50px;
  }
  button {
    margin: 10px;
    padding: 10px 20px;
    font-size: 16px;
  }
  /* 可以选择性地为重置按钮添加特定样式，但这里没有添加 */
</style>
```

在这个修改后的版本中，做了以下几点改变。

（1）在<template>部分，添加了一个新的<button>元素，并绑定了@click="reset"事件处理器，用于触发重置功能。

（2）在<script>部分的 methods 对象中，添加了一个新的 reset()方法，该方法将 count 数据属性重置为 0。

（3）<style>部分保持不变，因为重置按钮的样式可以与现有的按钮样式相同（也可以选择性地为重置按钮添加特定的样式）。

现在，当用户单击"Reset"按钮时，计数器将被重置为 0。

13.6.2 实现选项卡切换图片效果

在 AIGC 工具的输入框中输入"使用 Vue 3 编写一个单文件组件，实现选项卡切换图片效果"，AIGC 工具会自动生成实例的实现方法。

以下是一个名为 ImageTabs.vue 的单文件组件示例，它展示如何使用选项式 API 来实现这一功能。代码如下。

```
<template>
  <div class="image-tabs">
    <div class="tabs">
      <button
        v-for="(tab, index) in tabs"
        :key="index"
        :class="{ active: selectedTab === index }"
        @click="selectTab(index)"
      >
        {{ tab.title }}
      </button>
    </div>
    <img :src="selectedTabImage" alt="Selected Tab Image" class="selected-image" />
  </div>
</template>
<script>
export default {
  name: 'ImageTabs',
  data() {
    return {
      tabs: [//tabs 数组，包含每个选项卡的标题和对应的图片路径
        { title: 'Tab 1', image: 'path/to/image1.jpg' },
        { title: 'Tab 2', image: 'path/to/image2.jpg' },
        { title: 'Tab 3', image: 'path/to/image3.jpg' },
        //添加更多选项卡和图片路径
```

```
    ],
    selectedTab: 0, //默认选中第一个选项卡
  };
},
computed: {
  selectedTabImage() {
    return this.tabs[this.selectedTab].image;//返回当前选中选项卡对应的图片路径
  },
},
methods: {
  selectTab(index) {
    this.selectedTab = index;//访问 selectedTab 属性，将其值设置为传入的 index 参数
  },
},
};
</script>
<style scoped>
//CSS 样式代码
</style>
```

可以将这个组件引入 Vue 应用中，并在父组件的模板中使用<ImageTabs/>标签来展示它。注意：确保将图片路径替换为自己的图片路径。

小结

本章主要介绍了使用 Vue CLI 创建项目的方法，以及生成项目的结构。通过本章的学习，读者可以使用 Vue CLI 快速搭建自己的项目。

上机指导

实现电子商务网站中的购物车功能。运行程序，页面中显示了购物车中的商品信息，结果如图 13-15 所示（实例位置：资源包\MR\上机指导\第 13 章\）。

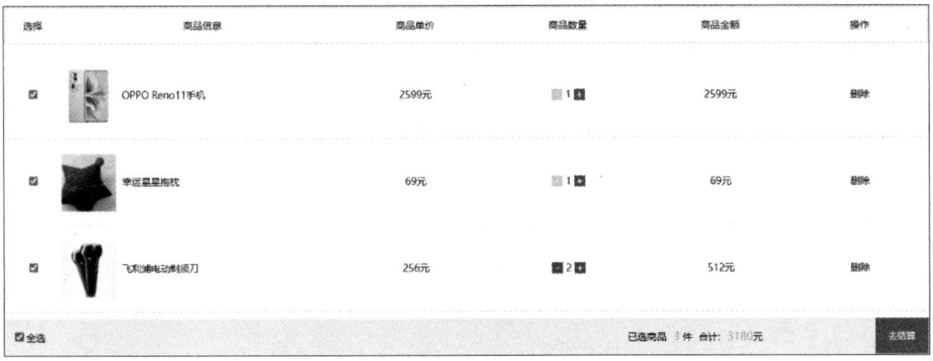

图 13-15　购物车中的商品信息

开发步骤如下。

（1）创建项目 myapp，在 src/assets 文件夹下新建 images 文件夹，将购物车中的商品图片存储在该文件夹中。在 assets 目录中创建 css 文件夹，在 css 文件夹中创建 style.css 文件作为项目的公共样式文件。

（2）在 src/components 文件夹下创建 ShoppingCart.vue 文件，在文件中构建购物车页面，并实现修改商品数量、选择商品、统计商品总价和删除商品的功能，代码如下。

```html
<template>
    <div>
        <div class="main" v-if="list.length>0">
            <div class="goods" v-for="(item,index) in list" :key="index">
                <span class="check"><input type="checkbox" @click="selectGoods(index)":
checked="item.isSelect"> </span>
                <span class="name">
                    <img :src="item.img">
                    {{item.name}}
                </span>
                <span class="unitPrice">{{item.unitPrice}}元</span>
                <span class="num">
                    <span @click="reduce(index)" :class="{off:item.num==1}">-</span>
                        {{item.num}}
                    <span @click="add(index)">+</span>
                </span>
                <span class="unitTotalPrice">{{item.unitPrice * item.num}}元</span>
                <span class="operation">
                    <a @click="remove(index)">删除</a>
                </span>
            </div>
        </div>
        <div v-else>购物车为空</div>
        <div class="info">
            <span><input type="checkbox" @click="selectAll" :checked="isSelectAll">全
选</span>
            <span>已选商品<span class="totalNum">{{totalNum}}</span> 件</span>
            <span>合计:<span class="totalPrice">{{totalPrice}}</span>元</span>
            <span>去结算</span>
        </div>
    </div>
</template>
<script>
export default{
    data: function () {
        return {
            isSelectAll : false,                    //默认未全选
            list : [{                               //定义商品信息列表
                img : require("@/assets/images/1.png"),
                name : "OPPO Reno11 手机",
                num : 1,
                unitPrice : 2599,
                isSelect : false
            },{
                img : require("@/assets/images/2.png"),
                name : "幸运星星抱枕",
                num : 1,
                unitPrice : 69,
                isSelect : false
            },{
                img : require("@/assets/images/3.png"),
```

```
                    name : "飞利浦电动剃须刀",
                    num : 2,
                    unitPrice : 256,
                    isSelect : false
                }]
        }
    },
    computed : {
        totalNum : function(){                      //计算商品件数
            var totalNum = 0;
            this.list.forEach(function(item){
                if(item.isSelect){
                    totalNum+=1;
                }
            });
            return totalNum;
        },
        totalPrice : function(){                     //计算商品总价
            var totalPrice = 0;
            this.list.forEach(function(item){
                if(item.isSelect){
                    totalPrice += item.num*item.unitPrice;
                }
            });
            return totalPrice;
        }
    },
    methods : {
        reduce : function(index){                    //减少商品件数
            var goods = this.list[index];
            if(goods.num >= 2){
                goods.num--;
            }
        },
        add : function(index){                        //增加商品件数
            var goods = this.list[index];
            goods.num++;
        },
        remove : function(index){                     //移除商品
            this.list.splice(index,1);
        },
        selectGoods : function(index){                //选择商品
            var goods = this.list[index];
            goods.isSelect = !goods.isSelect;
            this.isSelectAll = true;
            for(var i = 0;i < this.list.length; i++){
                if(this.list[i].isSelect == false){
                    this.isSelectAll=false;
                }
            }
        },
        selectAll : function(){                       //全选或全不选
            this.isSelectAll = !this.isSelectAll;
            for(var i = 0;i < this.list.length; i++){
                this.list[i].isSelect = this.isSelectAll;
```

```
                }
            }
        }
    }
}
</script>
```

（3）打开 App.vue 文件，在文件中定义购物车页面的标题，并引入 ShoppingCart 组件和公共 CSS 文件 style.css。代码如下。

```
<template>
  <div class="box">
    <div class="title">
      <span class="check">选择</span>
      <span class="name">商品信息</span>
      <span class="unitPrice">商品单价</span>
      <span class="num">商品数量</span>
      <span class="unitTotalPrice">商品金额</span>
      <span class="operation">操作</span>
    </div>
    <ShoppingCart/>
  </div>
</template>
<script>
//引入组件
import ShoppingCart from './components/ShoppingCart'
export default {
  name : 'App',
  components : {
    ShoppingCart
  }
}
</script>
<style>
@import './assets/css/style.css';  /*引入公共 CSS 文件*/
</style>
```

习题

13-1　简述使用 vue·create 命令创建项目的步骤。

13-2　什么是单文件组件，单文件组件有哪些特点？

第14章 状态管理

本章要点
- ❑ Vuex 简介
- ❑ Vuex 的基础用法
- ❑ Vuex 的安装

在 Vue.js 的组件化开发中，经常会遇到需要将当前组件的状态传递给其他组件的情况。父子组件之间进行通信时，通常会采用 Props 的方式实现数据传递。在一些比较大型的应用中，单页面可能会包含大量的组件，数据结构也比较复杂。当通信双方不是父子组件甚至不存在任何联系时，需要将一个状态共享给多个组件就会变得非常麻烦。为了解决这个问题，就需要引入状态管理这种设计模式。而 Vuex 就是一个专门为 Vue.js 设计的状态管理模式。本章主要介绍如何在项目中使用 Vuex 进行状态管理。

14.1 Vuex 简介

Vuex 简介

Vuex 是一个专门为 Vue.js 应用程序开发的状态管理模式。它采用集中式存储来管理应用程序中所有组件的状态。在通常情况下，每个组件都拥有自己的状态。有时需要使某个组件的状态变化影响到其他组件，使它们也进行相应的修改。这时可以使用 Vuex 保存需要管理的状态值，状态值一旦被修改，所有引用该值的组件都会自动进行更新。应用 Vuex 实现状态管理的流程如图 14-1 所示。

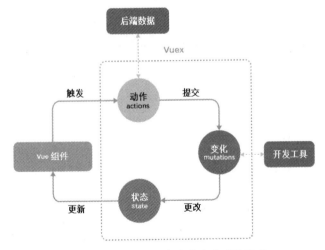

图 14-1　应用 Vuex 实现状态管理的流程

由图 14-1 可以看出，用户在 Vue 组件中通过 dispatch() 方法触发一个 action，在该 action 中通过 commit() 方法提交一个 mutation，通过 mutation 对应的函数更改 state 值，Vuex 就会将新的 state 值渲染到 Vue 组件中，从而实现界面更新。

14.2　Vuex 的安装

Vuex 的安装

在使用 Vuex 之前需要对其进行安装，可以使用 CDN 方式进行安装，代码如下。

```
<script src="https://unpkg.com/vuex@next"></script>
```

如果使用模块化开发方式，则可以使用 NPM 方式进行安装，在命令提示符窗口中输入如下命令。

```
npm install vuex@next --save
```

或者使用 yarn 命令进行安装，命令如下。

```
yarn add vuex@next --save
```

📖 说明：在安装 Vuex 时，要安装支持 Vue 3.0 的 Vuex 需要使用 vuex@next，要安装支持 Vue 2.x 的 Vuex 需要使用 vuex。

如果使用 Vue CLI 创建项目，可以选择手动对项目进行配置，在项目的配置选项中应用 <Backspace> 键选择 Vuex。这样，在创建项目后会自动安装 Vuex，无须再进行单独安装。

14.3　基础用法

本节将对 Vuex 的组成部分进行说明，并通过一个简单的例子介绍 Vuex 的基础用法。

14.3.1　Vuex 的组成

Vuex 的组成

Vuex 主要由 5 部分组成，分别为 state、getters、mutations、actions 和 modules。各组成部分及其说明如表 14-1 所示。

表 14-1　Vuex 的各组成部分及其说明

组成部分	说明
state	存储项目中需要多组件共享的数据或状态
getters	从 state 中派生状态，即对状态进行一些处理，类似于 Vue 实例中的 computed 选项
mutations	存储更改 state 的方法，是 Vuex 中修改 state 的唯一方式，但不支持异步操作，类似于 Vue 实例中的 methods 选项
actions	可以通过提交 mutations 中的方法来改变状态，支持异步操作
modules	store 的子模块，其内容相当于 store 的一个实例

14.3.2　在项目中使用 Vuex

在项目中使用 Vuex

Vuex 中增加了 store（仓库）这个概念。每一个 Vuex 应用的核心都是 store，用于存储整个应用需要共享的数据或状态信息。下面通过一个简单的例子介绍如何在项目中使用 Vuex。

1．创建 store

应用 Vue CLI 创建一个项目，在创建项目时需要选择配置选项中的 Vuex 选项，这样在项目创建完成后会自动安装 Vuex，而且在项目的 src 文件夹下会自动生成 main.js 文件，在 store 文件夹下会自动生成 index.js 文件，这两个文件用于实现创建 store 的基本工作。

store 文件夹下的 index.js 文件用于实现创建 store 的基本代码。在该文件中，首先引入 createStore，然后调用该方法创建 store 实例并使用 export default 进行导出，代码如下。

```
import { createStore } from 'vuex'

export default createStore({
  state: {
  },
  getters: {
  },
  mutations: {
  },
  actions: {
  },
  modules: {
  }
})
```

在 main.js 文件中，首先引入 createApp 和根组件 App，然后通过 import store from './store'引入创建的 store，并在 Vue 根实例中通过调用 use()方法使用 store 实例，将该实例作为插件安装。这样，在整个应用程序中就可以应用 Vuex 的状态管理功能，代码如下。

```
import { createApp } from 'vue'
import App from './App.vue'
import store from './store'

createApp(App).use(store).mount('#app')
```

因为在 Vue 根实例中使用了 store 实例，所以该 store 实例会应用到根组件下的所有子组件中，且子组件可以通过 this.$store 来访问创建的 store 实例。

2．定义 state

在 store 实例的 state 中可以定义需要共享的数据，在组件中通过 this.$store.state 获取定义的数据。由于 Vuex 的状态存储是响应式的，从 store 实例中读取状态最简单的方法就是在计算属性中返回某个状态。

修改 index.js 文件，在 state 中定义共享数据的初始状态，代码如下。

```
import { createStore } from 'vuex'

export default createStore({
  state: {
    name: "海信智能电视",
    price: 3699
  },
  getters: {
  },
  mutations: {
  },
  actions: {
```

```
  },
  modules: {
  }
})
```

在 components 文件夹下创建 MyGoods.vue 文件，在计算属性中应用 this.$store.state.name 和 this.$store.state.price 获取定义的数据，代码如下。

```
<template>
  <div>
    <h3>商品名称: {{name}}</h3>
    <h3>商品价格: {{price}}</h3>
  </div>
</template>
<script>
  export default {
    name: 'MyGoods',
    computed: {
      name() {//获取 state 中的 name 数据
        return this.$store.state.name;
      },
      price() {//获取 state 中的 price 数据
        return this.$store.state.price;
      }
    }
  }
</script>
```

修改根组件 App，在根组件中引入子组件 MyGoods，代码如下。

```
<template>
  <MyGoods/>
</template>

<script>
  import MyGoods from './components/MyGoods.vue'
  export default {
    name: 'App',
    components: {
      MyGoods
    }
  }
</script>
```

运行项目，浏览器中会显示定义的 state 的值，输出结果如图 14-2 所示。

图 14-2　输出结果

当一个组件需要获取多个状态的时候，将这些状态都声明为计算属性会有些烦琐。为了解决这个问题，可以使用 mapState 辅助函数生成计算属性。使用 mapState 辅助函数的代码如下。

```
<template>
  <div>
    <h3>商品名称: {{name}}</h3>
    <h3>商品价格: {{price}}</h3>
  </div>
</template>
<script>
    import {mapState} from 'vuex'        //引入 mapState
    export default {
      name: 'MyGoods',
      computed: mapState({
          name: state => state.name,
          price: state => state.price,
      })
    }
</script>
```

当映射的计算属性的名称和对应的状态名称相同时，mapState 辅助函数的参数也可以是一个字符串数组。因此，上述代码可以简写如下。

```
<template>
  <div>
    <h3>商品名称: {{name}}</h3>
    <h3>商品价格: {{price}}</h3>
  </div>
</template>
<script>
    import {mapState} from 'vuex'        //引入 mapState
    export default {
      name: 'MyGoods',
      computed: mapState([
          'name',                        //this.name 映射为 this.$store.state.name
          'price'                        //this.price 映射为 this.$store.state.price
      ])
    }
</script>
```

由于 mapState 辅助函数返回的是一个对象，因此还可以将它与局部计算属性混合使用。使用对象展开运算符可以实现这种方式。上述代码可以修改如下。

```
<template>
  <div>
    <h3>商品名称: {{name}}</h3>
    <h3>商品价格: {{price}}</h3>
  </div>
</template>
<script>
    import {mapState} from 'vuex' //引入 mapState
    export default {
      name: 'MyGoods',
      computed: {
            ...mapState([
```

```
                    'name',          //this.name 映射为 this.$store.state.name
                    'price'          //this.price 映射为 this.$store.state.price
                ])
            }
        }
</script>
```

在实际开发中，经常采用对象展开运算符来简化代码。

3. 定义 getter

有时需要从 state 中派生出一些状态，例如对某个数值进行计算、对数组进行过滤等操作，这时就需要使用 getter。getter 相当于 Vue 实例中的 computed 选项，其返回值会根据它的依赖被缓存起来，且只有它的依赖值发生改变时才会被重新计算。每个 getter 会接收 state 作为第一个参数。

修改 index.js 文件，定义 getter，对 state 中的 price 的值进行处理，代码如下。

```
import { createStore } from 'vuex'

export default createStore({
  state: {
    name: "海信智能电视",
    price: 3699
  },
  getters: {
    specialPrice(state){
      return state.price -= 300          //对 state 进行处理
    }
  },
  mutations: {
  },
  actions: {
  },
  modules: {
  }
})
```

在 MyGoods.vue 文件的计算属性中应用 this.$store.getters.specialPrice 访问定义的 getter，代码如下。

```
<template>
  <div>
    <h3>商品名称：{{name}}</h3>
    <h3>商品特价：{{specialPrice}}</h3>
  </div>
</template>
<script>
  import {mapState} from 'vuex'          //引入 mapState
  export default {
    name: 'MyGoods',
    computed: {
      ...mapState([
        'name'                    //this.name 映射为 this.$store.state.name
      ]),
      specialPrice(){
```

```
        return this.$store.getters.specialPrice;  //访问 getter
      }
    }
  }
</script>
```

重新运行项目，输出结果如图 14-3 所示。

图 14-3　输出结果

在组件中访问定义的 getter 可以使用简化的写法，即通过 mapGetters 辅助函数将 store 中的 getter 映射到局部计算属性，示例代码如下。

```
<template>
  <div>
    <h3>商品名称：{{name}}</h3>
    <h3>商品特价：{{specialPrice}}</h3>
  </div>
</template>
<script>
  import {mapState,mapGetters} from 'vuex'  //引入 mapState 和 mapGetters
  export default {
    name: 'MyGoods',
    computed: {
      ...mapState([
        'name'                  //this.name 映射为 this.$store.state.name
      ]),
      ...mapGetters([
        'specialPrice'  //this.specialPrice 映射为 this.$store.getters.specialPrice
      ])
    }
  }
</script>
```

4．定义 mutation

如果需要修改 state 中的状态，最常用的方法之一就是提交一个 mutation。每个 mutation 都有一个字符串的事件类型（type）和一个回调函数（handler）。这个回调函数可以实现状态更改，并且它会接收 state 作为第一个参数。

在 store 实例的 mutations 中定义用于更改 state 中状态的函数。修改 index.js 文件，在 mutations 中定义 risePrice()函数和 reducePrice()函数，实现更改 state 中状态的操作，代码如下。

```
import { createStore } from 'vuex'

export default createStore({
```

```
    state: {
      name: "海信智能电视",
      price: 3699
    },
    mutations: {
      risePrice(state){                            //state 为参数
        state.price += 300;                        //价格上涨 300
      },
      reducePrice(state){
        state.price -= 300;                        //价格下调 300
      }
    },
    actions: {
    },
    modules: {
    }
})
```

修改 MyGoods.vue 文件，添加"涨价"按钮和"降价"按钮，在 methods 选项中定义单击按钮执行的方法，通过 commit()方法提交到对应的 mutation 函数，实现更改状态的操作，代码如下。

```
<template>
  <div>
    <h3>商品名称：{{name}}</h3>
    <h3>商品特价：{{price}}</h3>
    <button v-on:click="rise">涨价</button>
    <button v-on:click="reduce">降价</button>
  </div>
</template>
<script>
  import {mapState,mapGetters} from 'vuex'     //引入 mapState 和 mapGetters
  export default {
    name: 'MyGoods',
    computed: {
      ...mapState([
        'name',                    //this.name 映射为 this.$store.state.name
        'price'                    //this.price 映射为 this.$store.state.price
      ])
    },
    methods: {
      rise(){
        this.$store.commit('risePrice');         //提交到对应的 mutation 函数
      },
      reduce(){
        this.$store.commit('reducePrice');       //提交到对应的 mutation 函数
      }
    }
  }
</script>
```

重新运行项目，单击浏览器中的"涨价"按钮，上涨商品价格，输出结果如图 14-4 所示。单击浏览器中的"降价"按钮，下调商品价格，输出结果如图 14-5 所示。

图 14-4　上涨商品价格　　　　　　　　　图 14-5　下调商品价格

在组件中可以使用 this.$store.commit 的方式提交 mutation，还可以使用简化的方法，即通过 mapMutations 辅助函数将组件中的 methods 映射为 store.commit 并调用。对 MyGoods.vue 文件的代码进行修改：

```
<template>
  <div>
    <h3>商品名称：{{name}}</h3>
    <h3>商品特价：{{price}}</h3>
    <button v-on:click="rise">涨价</button>
    <button v-on:click="reduce">降价</button>
  </div>
</template>
<script>
  import {mapState,mapMutations} from 'vuex'        //引入 mapState
  export default {
    name: 'MyGoods',
    computed: {
      ...mapState([
        'name',                    //this.name 映射为 this.$store.state.name
        'price'                    //this.price 映射为 this.$store.state.price
      ])
    },
    methods: {
      ...mapMutations({
        'rise': 'risePrice',       //this.rise()映射为 this.$store.commit('risePrice')
        'reduce': 'reducePrice'    //this.reduce()映射为 this.$store.commit('reducePrice')
      })
    }
  }
</script>
```

在实际项目中常常需要在修改状态时传递值。这时只需要在每个 mutation 中加上一个参数，这个参数又称为 mutation 的载荷（payload），并在提交时传递值。

修改 index.js 文件，在 mutations 中的 risePrice()函数和 reducePrice()函数中添加第二个参数。对定义 mutation 的代码进行修改：

```
mutations: {
  risePrice(state,n){
    state.price += n;                                    //价格上涨 n
  },
  reducePrice(state,n){
```

```
        state.price -= n;                                    //价格下调 n
    }
  }
```

修改 MyGoods.vue 文件，在单击"涨价"按钮或"降价"按钮时，在调用方法的同时传递一个参数 200，代码如下。

```
<button v-on:click="rise(200)">涨价</button>
<button v-on:click="reduce(200)">降价</button>
```

重新运行项目，单击浏览器中的"涨价"按钮，商品价格会上涨 200，输出结果如图 14-6 所示。单击浏览器中的"降价"按钮，商品价格会下调 200，输出结果如图 14-7 所示。

图 14-6　商品价格上涨 200

图 14-7　商品价格下调 200

在大多数情况下，为了使定义的每个 mutation 具有更强的可读性，可以将载荷设置为一个对象。对定义 mutation 的代码进行修改：

```
mutations: {
    risePrice(state,obj){
        state.price += obj.value;
    },
        reducePrice(state,obj){
        state.price -= obj.value;
    }
}
```

在组件中调用方法时将传递的参数修改为对象，代码如下。

```
<button v-on:click="rise({value:200})">涨价</button>
<button v-on:click="reduce({value:200})">降价</button>
```

输出结果同样如图 14-6 和图 14-7 所示。

5．定义 action

action 和 mutation 的功能类似。不同的是，action 是提交 mutation，而不是直接更改状态，而且 action 可以异步更改 state 中的状态。

修改 index.js 文件，在 actions 中定义两个方法，在方法中应用 commit()方法提交 mutation，代码如下。

```
import { createStore } from 'vuex'

export default createStore({
  state: {
    name: "海信智能电视",
    price: 3699
```

```
    },
    mutations: {
      risePrice(state,obj){
        state.price += obj.value;
      },
      reducePrice(state,obj){
        state.price -= obj.value;
      }
    },
    actions: {
      risePriceAsync(context,obj){
        setTimeout(function(){
          context.commit('risePrice',obj);
        },1000);
      },
      reducePriceAsync(context,obj){
        setTimeout(function(){
          context.commit('reducePrice',obj);
        },1000);
      }
    },
    modules: {
    }
})
```

上述代码中，每个 action 函数接收一个与 store 实例具有相同方法和属性的上下文对象 context，因此可以调用 context.commit 提交一个 mutation。而在 MyGoods.vue 文件中，每个 action 需要应用 dispatch()方法进行触发，并且同样支持载荷方式和对象方式，代码如下。

```
<template>
  <div>
     <h3>商品名称：{{name}}</h3>
     <h3>商品特价：{{price}}</h3>
     <button v-on:click="rise">涨价</button>
     <button v-on:click="reduce">降价</button>
  </div>
</template>
<script>
  import {mapState} from 'vuex'        //引入 mapState
  export default {
    name: 'MyGoods',
    computed: {
      ...mapState([
        'name',                  //this.name 映射为 this.$store.state.name
        'price'                  //this.price 映射为 this.$store.state.price
      ])
    },
    methods: {
      rise(){
        this.$store.dispatch('risePriceAsync',{
          value: 200
        });
      },
      reduce(){
        this.$store.dispatch('reducePriceAsync',{
```

```
      value: 200
    });
    }
   }
  }
}
</script>
```

重新运行项目，单击浏览器中的"涨价"和"降价"按钮同样可以实现调整商品价格的操作。不同的是，单击按钮后，需要经过 1s 才会更改商品的价格。

在组件中可以使用 this.$store.dispatch 的方式触发 action，还可以使用简化的方法，即通过 mapActions 辅助函数将组件中的 methods 映射为 store.dispatch 并调用。示例代码如下。

```
<template>
  <div>
    <h3>商品名称：{{name}}</h3>
    <h3>商品特价：{{price}}</h3>
    <button v-on:click="rise({value:200})">涨价</button>
    <button v-on:click="reduce({value:200})">降价</button>
  </div>
</template>
<script>
  import {mapState,mapActions} from 'vuex'  //引入 mapState
  export default {
    name: 'MyGoods',
    computed: {
      ...mapState([
        'name',                    //this.name 映射为 this.$store.state.name
        'price'                    //this.price 映射为 this.$store.state.price
      ])
    },
    methods: {
      ...mapActions({
        'rise': 'risePriceAsync',//this.rise()映射为 this.$store.dispatch('risePriceAsync')
        'reduce':'reducePriceAsync'//this.reduce()映射为 this.$store.dispatch('reducePriceAsync')
      })
    }
  }
</script>
```

14.4 实例

在实际开发中，实现多个组件之间的数据共享非常常见。例如，在电子商务网站中，用户登录成功之后，网站首页会显示对应的欢迎信息。要想实现该功能需要保存用户的登录状态。而在刷新页面的情况下，Vuex 中的状态信息会进行初始化，因此需要使用 sessionStorage 保存用户的登录状态。本节将通过一个实例实现保存用户的登录状态。

实例

【例 14-1】 在电子商务网站中，使用 sessionStorage 和 Vuex 保存用户的登录状态（实例位置：资源包\MR\源代码\第 14 章\14-1）。

关键步骤如下。

（1）创建项目，然后在 assets 目录中创建 css 文件夹、images 文件夹和 fonts 文件夹，分别用来存储 CSS 文件、图片文件和字体文件。

（2）在 components 目录中创建公共头部文件 bodyTop.vue。在<template>元素中应用 v-show
指令实现登录前和登录后内容的切换，在<script>元素中引入 mapState 和 mapActions 辅助函数，
实现组件中的计算属性、方法和 store 中的 state、action 之间的映射。代码如下。

```
<template>
  <div class="hmtop">
    <!--顶部导航条 -->
    <div class="mr-container header">
      <ul class="message-l">
        <div class="topMessage">
          <div class="menu-hd">
            <a @click="show('login')" target="_top" class="h" style="color: red"
v-show="!isLogin">亲，请登录</a>
            <span v-show="isLogin" style="color: green">{{user}}，欢迎您 <a @click="logout"
style="color: red">退出登录</a></span>
            <a @click="show('register')" target="_top" style="color: red; margin-left:
20px;">免费注册</a>
          </div>
        </div>
      </ul>
      <! --省略部分代码-->
    </div>
</template>
<script>
import {mapState,mapActions} from 'vuex'//引入 mapState 和 mapActions
export default {
  name: 'bodyTop',
  computed: {
    ...mapState([
        'user',//this.user 映射为 this.$store.state.user
        'isLogin'//this.isLogin 映射为 this.$store.state.isLogin
    ])
  },
  methods: {
    show: function (value) {
      if(value == 'shopcart'){
        if(this.user == null){
          alert('亲，请登录! ');
          this.$router.push({name:'login'});//跳转到登录页面
          return false;
        }
      }
      this.$router.push({name:value});
    },
    ...mapActions([
        'logoutAction'//this.logoutAction()映射为 this.$store.dispatch('logoutAction')
    ]),
    logout: function () {
      if(confirm('确定退出登录吗? ')){
        this.logoutAction();//触发 action
        this.$router.push({name:'home'});//跳转到首页
      }else{
```

```
        return false;
      }
    }
  }
}
</script>
<style scoped lang="scss">
.logoBig li{
  cursor: pointer;/*设置鼠标指针形状*/
}
a{
  cursor: pointer;/*设置鼠标指针形状*/
}
</style>
```

（3）在 views 目录中创建主页文件夹 index 和登录页面文件夹 login。在 index 文件夹中创建 bodyHome.vue 文件和 bodyMain.vue 文件,在 login 文件夹中创建 bodyHome.vue 文件和 bodyBottom.vue 文件。index/bodyHome.vue 文件的代码如下。

```
<template>
  <div>
    <bodyMain/>
    <bodyFooter/>
  </div>
</template>
<script>
// @代表/src
import bodyMain from '@/views/index/bodyMain'        //引入组件
import bodyFooter from '@/components/bodyFooter'      //引入组件
export default {
  name: 'bodyHome',
  components: {                                       //注册组件
    bodyMain,
    bodyFooter
  }
}
</script>
```

login/bodyHome.vue 文件的代码如下。

```
<template>
  <div>
  <div class="login-banner">
    <div class="login-main">
      <div class="login-banner-bg"><span></span><img src="@/assets/images/big.png"/> </div>
      <div class="login-box">
        <h3 class="title">登录</h3>
        <div class="clear"></div>
        <div class="login-form">
          <form>
            <div class="user-name">
              <label for="user"><i class="mr-icon-user"></i></label>
              <input type="text" v-model="user" id="user" placeholder="邮箱/手机/用户名">
            </div>
            <div class="user-pass">
              <label for="password"><i class="mr-icon-lock"></i></label>
```

```
                <input type="password" v-model="password" id="password" placeholder="请输入密码">
            </div>
        </form>
    </div>
    <div class="login-links">
        <label for="remember-me"><input id="remember-me" type="checkbox">记住密码</label>
        <a href="javascript:void(0)" class="mr-fr">注册</a>
        <br/>
    </div>
    <div class="mr-cf">
        <input type="submit" name="" value="登 录" @click="login" class="mr-btn mr-btn-
primary mr-btn-sm">
    </div>
    <div class="partner">
        <h3>其他方式登录</h3>
        <div class="mr-btn-group">
            <li><a href="javascript:void(0)"><img src="@/assets/images/qq.png"></a></li>
            <li><a href="javascript:void(0)"><img src="@/assets/images/wechat.png"></a></li>
            <li><a href="javascript:void(0)"><img src="@/assets/images/blog.png"></a></li>
        </div>
    </div>
    </div>
    </div>
    </div>
    <bodyBottom/>
    </div>
</template>
<script>
    import {mapActions} from 'vuex'//引入 mapActions
    import bodyBottom from '@/views/login/bodyBottom' //引入组件
    export default {
        name : 'bodyHome',
        components : {
            bodyBottom                              //注册组件
        },
        data: function(){
            return {
                user:null,                          //用户名
                password:null                       //密码
            }
        },
        methods: {
            ...mapActions([
                'loginAction'//this.loginAction()映射为 this.$store.dispatch('loginAction')
            ]),
            login: function () {
                var user=this.user;                 //获取用户名
                var password=this.password;         //获取密码
                if(user == null){
                    alert('请输入用户名! ');
                    return false;
                }
                if(password == null){
                    alert('请输入密码! ');
```

```
              return false;
           }
           if(user!=='mr' || password!=='mrsoft' ){
             alert('您输入的用户名或密码错误! ');
             return false;
           }else{
             alert('登录成功! ');
             this.loginAction(user);//触发 action 并传递用户名
             this.$router.push({name:'home'});                    //跳转到首页
           }
         }
       }
     }
</script>
<style src="@/assets/css/login.css" scoped></style>
```

（4）修改 App.vue 文件，在<script>元素中引入 bodyTop 组件，在<style>元素中引入公共 CSS 文件。代码如下。

```
<template>
  <div>
    <bodyTop/>
    <router-view/>
  </div>
</template>
<script>
  import bodyTop from '@/components/bodyTop'     //引入 bodyTop 组件
  export default {
    name: 'app',
    components: {
      bodyTop    //注册组件
    }
  }
</script>
<style lang="scss">
@import "./assets/css/basic.css";                //引入公共 CSS 文件
@import "./assets/css/demo.css";                 //引入公共 CSS 文件
</style>
```

（5）修改 store/index.js 文件，在 store 实例中分别定义 state、mutation 和 action。当用户登录成功后，应用 sessionStorage.setItem 保存用户名和登录状态；当用户退出登录后，应用 sessionStorage.removeItem 删除用户名和登录状态。代码如下。

```
import { createStore } from 'vuex'

export default createStore({
    state: {
        user: sessionStorage.getItem('user'),          //定义用户名
        isLogin: sessionStorage.getItem('isLogin'),    //定义用户是否登录
    },
    mutations: {
        login: function(state, user){
            state.user = user;                          //修改状态
            state.isLogin = true;                       //修改状态
            sessionStorage.setItem('user',user);        //保存用户名
```

```
            sessionStorage.setItem('isLogin',true);      //保存用户登录状态
        },
        logout: function(state){
            state.user = null;//修改状态
            state.isLogin = false;//修改状态
            sessionStorage.removeItem('user');            //删除用户名
            sessionStorage.removeItem('isLogin');         //删除用户登录状态
        }
    },
    actions: {
        loginAction: function(context, user){
            context.commit('login', user);                //提交mutation
        },
        logoutAction: function(context){
            context.commit('logout');                     //提交mutation
        }
    }
})
```

运行项目，首页的效果如图 14-8 所示。

图 14-8　首页的效果

用户登录页面如图 14-9 所示。在登录表单中输入用户名"mr"、密码"mrsoft"，单击"登录"按钮，页面中会提示用户登录成功并跳转到首页，在首页中会显示登录用户的欢迎信息，如图 14-10 所示。

图 14-9　用户登录页面

图 14-10　显示登录用户的欢迎信息

在学习使用 Vuex 实现状态管理时，AIGC 工具可以提供有力的支持。下面介绍如何利用 AIGC 工具来巩固本章所学的知识。

14.5.1 管理选项卡切换图片效果

在 AIGC 工具的输入框中输入"使用 Vuex 管理选项卡切换图片效果"，AIGC 工具会自动生成实例的实现方法。

以下是一个使用 Vuex 来管理选项卡切换图片效果的实例。

首先需要设置 Vuex 的 store。在 Vue 3 项目中，Vuex 4 及以上版本已经支持组合式 API，但在这个例子中仍使用选项式 API，以与其他代码保持一致。代码如下。

```
store/index.js（或 store.js，取决于项目结构）:
import { createStore } from 'vuex';
export default createStore({
  state: {
    selectedTab: 0, //默认选中第一个选项卡
    tabs: [ //tabs 状态，是一个数组，包含每个选项卡的标题和对应的图片路径
      { title: 'Tab 1', image: 'path/to/image1.jpg' },
      { title: 'Tab 2', image: 'path/to/image2.jpg' },
      { title: 'Tab 3', image: 'path/to/image3.jpg' },
      //添加更多选项卡和图片路径
    ],
  },
  getters: {
    //返回当前选中选项卡对应的图片路径
    selectedTabImage: (state) => state.tabs[state.selectedTab].image,
  },
  mutations: {
    setSelectedTab(state, index) {
      state.selectedTab = index; //直接修改 state 中的 selectedTab 属性
    },
  },
  actions: {
    selectTab({ commit }, index) {
      commit('setSelectedTab', index); //触发指定的 mutation
    },
  },
});
```

接下来创建一个 Vue 组件来使用这个 Vuex store。

```
ImageTabs.vue:
<template>
  <div class="image-tabs">
    <div class="tabs">
      <button
        v-for="(tab, index) in tabs"
        :key="index"
        :class="{ active: selectedTab === index }"
```

```
          @click="selectTab(index)"
        >
          {{ tab.title }}
        </button>
      </div>
      <img :src="selectedTabImage" alt="Selected Image" class="selected-image" />
    </div>
  </template>
<script>
import { mapState, mapGetters, mapActions } from 'vuex';
export default {
  name: 'ImageTabs',
  computed: {
    //将 Vuex store 中的 selectedTab 和 tabs 状态映射到组件的 computed 属性中
    ...mapState(['selectedTab', 'tabs']),
    //将 Vuex store 中的 selectedTabImage 计算属性映射到组件的 computed 属性中
    ...mapGetters(['selectedTabImage']),
  },
  methods: {
    //将 Vuex store 中的 selectTab 动作映射到组件的方法中
    ...mapActions(['selectTab']),
  },
};
</script>
//CSS 样式代码, 省略
</style>
```

这个组件使用 mapState 来访问 selectedTab 和 tabs 状态, 使用 mapGetters 来访问 selectedTabImage 计算属性, 使用 mapActions 来调用 selectTab 动作。这样, 组件就可以通过 Vuex store 来管理选项卡的状态和图片切换了。最后, 别忘了在 Vue 应用入口文件 (通常是 main.js 或 main.ts) 中注册这个 Vuex store。

在生成实例代码后, 还可以继续提问, 如在 AIGC 工具的输入框中输入 "完善上面的代码, 实现动态管理选项卡", AIGC 工具会自动生成如下建议。

为了完善上面的代码, 使其能够动态管理选项卡 (例如添加、删除选项卡), 需要对 Vuex store 和组件进行修改。以下是一个完整的示例, 包括动态添加和删除选项卡的功能。

首先需要更新 Vuex store 以支持添加和删除选项卡的操作, 代码如下。

```
import { createStore } from 'vuex';
export default createStore({
  state: {
    selectedTab: 0, //默认选中第一个选项卡
    tabs: [ //tabs 状态, 是一个数组, 包含每个选项卡的标题和对应的图片路径
      { title: 'Tab 1', image: 'path/to/image1.jpg' },
      { title: 'Tab 2', image: 'path/to/image2.jpg' },
      { title: 'Tab 3', image: 'path/to/image3.jpg' },
    ],
  },
  getters: {
    selectedTabImage: (state) => state.tabs[state.selectedTab].image,
    allTabs: (state) => state.tabs,
  },
  mutations: {
```

```
      setSelectedTab(state, index) {
        state.selectedTab = index; //直接修改 state 中的 selectedTab 属性
      },
      addTab(state, tab) {
        state.tabs.push(tab);
        //如果新添加的选项卡是最后一个，则选中它
        if (state.tabs.length - 1 === state.selectedTab) {
          state.selectedTab = state.tabs.length - 1;
        }
      },
      removeTab(state, index) {
        state.tabs.splice(index, 1);
        //如果删除的选项卡是当前选中的，则选中前一个选项卡（如果存在）
        if (state.selectedTab >= state.tabs.length) {
          state.selectedTab = state.tabs.length - 1;
        } else if (state.selectedTab === index) {
          //如果删除的选项卡就是当前选中的，且不是最后一个，则选中下一个
          state.selectedTab = Math.max(0, state.selectedTab - 1);
        }
      },
    },
  actions: {
    selectTab({ commit }, index) {
      commit('setSelectedTab', index);
    },
    addTab({ commit }, tab) {
      commit('addTab', tab);
    },
    removeTab({ commit }, index) {
      commit('removeTab', index);
    },
  },
});
```

接下来在组件中添加添加和删除选项卡的功能，代码如下。

```
<template>
  <div class="image-tabs">
    <div class="tabs">
      <button
        v-for="(tab, index) in tabs"
        :key="index"
        :class="{ active: selectedTab === index }"
        @click="selectTab(index)"
      >
        {{ tab.title }}
        <span @click.stop="removeTab(index)" class="remove-btn">&times;</span>
      </button>
    </div>
    <div class="add-tab">
      <input v-model="newTabTitle" placeholder="New Tab Title" />
      <input type="file" @change="onFileChange" accept="image/*" />
      <button @click="addTab">Add Tab</button>
    </div>
    <img :src="selectedTabImage" alt="Selected Image" class="selected-image" />
  </div>
</template>
```

```
<script>
import { mapState, mapGetters, mapActions } from 'vuex';
export default {
  name: 'ImageTabs',
  data() {
    return {
      newTabTitle: '',
      newTabImage: null,
    };
  },
  computed: {
    //将Vuex store中的selectedTab和tabs状态映射到组件的computed属性中
    ...mapState(['selectedTab', 'tabs']),
    //将Vuex store中的selectedTabImage计算属性映射到组件的computed属性中
    ...mapGetters(['selectedTabImage']),
  },
  methods: {
    ...mapActions(['selectTab', 'addTab', 'removeTab']),
    onFileChange(event) {
      const file = event.target.files[0]; //从事件对象中获取文件输入的第一个文件
      if (file) { //如果选择文件，则创建一个表示该文件内容的URL
        this.newTabImage = URL.createObjectURL(file);
      }
    },
    addTab() {
      if (this.newTabTitle.trim() === '') {
        alert('Please enter a tab title.');
        return;
      }
      const newTab = {
        title: this.newTabTitle,
        image: this.newTabImage || 'path/to/default-image.jpg', //如果没有选择图片，则使
用默认图片路径
      };
      this.addTab(newTab); //调用指定的action
      this.newTabTitle = '';
      this.newTabImage = null; //重置图片输入
    },
  },
};
</script>
<stylescoped>
/*CSS样式代码，省略*/
</style>
```

这样，选项卡组件就可以动态地添加和删除选项卡了。

14.5.2 管理计数器状态

在 AIGC 工具的输入框中输入"使用 Vuex 管理计数器状态"，AIGC 工具会自动生成实例的实现方法。

下面是一个使用 Vue 3 和 Vuex 编写的简单实例，展示如何管理一个简单的计数器状态。

1. 创建 Vuex Store

在项目中创建一个 store 文件夹，并在其中创建一个 index.js 文件，这个文件将用来定义 Vuex store，代码如下。

```
import { createStore } from 'vuex';
export default createStore({
  state: () => ({
    count: 0  //定义一个名为 count 的状态，初始值为 0
  }),
  mutations: {
    increment(state) {
      state.count++;  //将 count 的值增加 1
    },
    decrement(state) {
      state.count--;  //将 count 的值减少 1
    },
    setCount(state, payload) {
      state.count = payload;  //将 count 的值设置为 payload 的值
    }
  },
  actions: {
    increment({ commit }) {
      commit('increment');  //调用 commit()方法，触发名为 increment 的 mutation
    },
    decrement({ commit }) {
      commit('decrement');  //调用 commit()方法，触发名为 decrement 的 mutation
    },
    setCount({ commit }, payload) {
      commit('setCount', payload);  //调用 commit()方法，触发名为 setCount 的 mutation
    }
  },
  getters: {
    count: (state) => state.count  //定义 getter，用于获取 state 中 count 的值
  }
});
```

2．创建 Vue 3 应用实例并引入 Store

在 main.js 或 main.ts 文件中，创建 Vue 3 应用实例并引入刚刚创建的 Vuex store，代码如下。

```
import { createApp } from 'vue';
import App from './App.vue';
import store from './store';
createApp(App).use(store).mount('#app');
```

3．创建一个简单的 Vue 组件

在 App.vue 文件中创建一个简单的组件来使用 Vuex store，代码如下。

```
<template>
 <div id="app">
  <h1>Counter: {{ count }}</h1>
  <button @click="incrementCounter">Increment</button>
  <button @click="decrementCounter">Decrement</button>
  <button @click="resetCounter">Reset</button>
 </div>
</template>
```

```
<script>
import { mapState, mapActions } from 'vuex';
export default {
  computed: {
    ...mapState(['count'])//将 store 中的 count 状态映射为组件的名为 count 的计算属性
  },
  methods: {
    //将 store 中的 increment、decrement 和 setCount 动作映射为组件的方法
    ...mapActions(['increment', 'decrement', 'setCount']),
    incrementCounter() {
      this.increment();//调用 increment 动作，触发名为 increment 的 mutation
    },
    decrementCounter() {
      this.decrement();//调用 decrement 动作，触发名为 decrement 的 mutation
    },
    resetCounter() {
      this.setCount(0); //调用 setCount 动作，触发名为 setCount 的 mutation
    }
  }
};
</script>
```

运行项目后，可以在浏览器中看到一个简单的计数器应用，可以通过按钮来增加、减少或重置计数器的值。这个实例展示了如何在 Vue 3 中使用 Vuex 来管理全局状态，并通过 Vue 组件来与之交互。

小结

本章主要介绍了 Vue.js 中的状态管理。利用状态管理可以把公用的数据或状态提取出来并放在 Vuex 的实例中，然后根据一定的规则来进行管理。通过本章的学习，读者可了解如何在项目中共享数据。

上机指导

实现向商品信息列表中添加商品及从商品信息列表中删除商品的操作。运行程序，在页面中输出一个商品信息列表，如图 14-11 所示。单击"添加商品"链接，跳转到添加商品信息页面，在表单中输入商品信息，如图 14-12 所示。单击"添加"按钮，跳转到商品信息列表页面，页面中显示了添加信息后的商品信息列表，结果如图 14-13 所示。单击商品信息列表页面中的"删除"链接可以删除对应的商品信息（实例位置：资源包\MR\上机指导\第 14 章\）。

图 14-11　商品信息列表

图 14-12　输入商品信息

	商品信息	单价	数量	操作
	OPPO Reno11	2599	2	删除
	vivo X100	4599	3	删除
	华为 Mate60	7299	2	删除

（右上角：添加商品）

图 14-13　添加商品信息后的商品信息列表

开发步骤如下。

（1）创建项目，然后在 assets 目录中创建 css 文件夹和 images 文件夹，分别用来存储 CSS 文件和图片文件。

（2）在 views 目录中创建商品信息列表文件 ShopList.vue。在<template>元素中应用 v-for 指令循环输出商品信息列表中的商品信息。在<script>元素中引入 mapState 和 mapMutations 辅助函数，实现组件中的计算属性、方法和 store 中的 state、mutation 之间的映射。代码如下。

```html
<template>
 <div class="main">
  <a href="javascript:void(0)" @click="show">添加商品</a>
  <div class="title">
   <span class="name">商品信息</span>
   <span class="price">单价</span>
   <span class="num">数量</span>
   <span class="action">操作</span>
  </div>
  <div class="goods" v-for="(item,index) in list" :key="index">
   <span class="name">
           <img :src="item.img">
           {{item.name}}
       </span>
   <span class="price">{{item.price}}</span>
   <span class="num">
           {{item.num}}
       </span>
   <span class="action">
    <a href="javascript:void(0)" @click="del(index)">删除</a>
   </span>
  </div>
 </div>
</template>
<script>
 import {mapState,mapMutations} from 'vuex'
 export default {
  computed: {
   ...mapState([
```

```
                    'list'//this.list 映射为 this.$store.state.list
            ])
        },
        methods: {
            ...mapMutations([
                'del'//this.del()映射为 this.$store.commit('del')
            ]),
            show: function () {
                this.$router.push({name:'add'});//跳转到添加商品信息页面
            }
        }
    }
</script>
<style src="@/assets/css/style.css" scoped></style>
```

（3）在 views 目录中创建添加商品文件 AddGoods.vue。在<template>元素中创建添加商品信息的表单元素，应用 v-model 指令对表单元素进行数据绑定。在<script>元素中引入 mapMutations 辅助函数，实现组件中的方法和 store 中的 mutation 之间的映射。代码如下。

```
<template>
  <div class="container">
      <div class="title">添加商品信息</div>
      <div class="one">
        <label>商品名称：</label>
        <input type="text" v-model="name">
      </div>
      <div class="one">
        <label>商品图片：</label>
        <select v-model="url">
          <option value="">请选择图片</option>
          <option v-for="item in imgArr" :key="item">{{item}}</option>
        </select>
      </div>
      <div class="one">
        <label>商品价格：</label>
        <input type="text" v-model="price" size="10">元
      </div>
      <div class="one">
        <label>商品数量：</label>
        <input type="text" v-model="num" size="10">
      </div>
      <div class="two">
        <input type="button" value="添加" @click="add">
        <input type="reset" value="重置">
      </div>
  </div>
</template>
<script>
  import {mapMutations} from 'vuex'
  export default {
    data: function () {
      return {
        name: '',//商品名称
        url: '',//商品图片 URL
```

```
        price: '',//商品价格
        num: '',//商品数量
        imgArr: ['OPPO Reno11.png','vivo X100.png','华为 Mate60.png']//商品图片 URL 数组
      }
    },
    methods: {
      ...mapMutations({
        addMutation: 'add'//this.addMutation()映射为 this.$store.commit('add')
      }),
      add: function () {
        var newShop = {//新增商品对象
            img: require('@/assets/images/'+this.url),
            name: this.name,
            price: this.price,
            num: this.num
        };
        this.addMutation(newShop);//执行方法
        this.$router.push({name: 'shop'});//跳转到商品信息列表页面
      }
    },
  }
</script>
<style src="@/assets/css/add.css" scoped></style>
```

（4）修改根组件 App，使用<router-view>渲染路由组件的模板，代码如下。

```
<template>
  <div>
    <router-view/>
  </div>
</template>
```

（5）修改 store 文件夹下的 index.js 文件，在 store 实例中分别定义 state 和 mutation。当添加商品或删除商品后，应用 localStorage.setItem 存储商品信息列表，代码如下。

```
import { createStore } from 'vuex'
export default createStore({
  state: {
    list : localStorage.getItem('list')?JSON.parse(localStorage.getItem('list')):[{
      img : require("@/assets/images/OPPO Reno11.png"),
      name : "OPPO Reno11",
      num : 2,
      price : 2599
    },{
      img : require("@/assets/images/vivo X100.png"),
      name : "vivo X100",
      num : 3,
      price : 4599
    }]
  },
  mutations: {
    add: function (state, newShop) {
      state.list.push(newShop);//添加商品
      localStorage.setItem('list',JSON.stringify(state.list));//存储商品信息列表
    },
    del: function (state, index) {
```

```
        state.list.splice(index, 1);//删除商品
        localStorage.setItem('list',JSON.stringify(state.list));//存储商品信息列表
      }
    }
})
```

（6）修改 router 文件夹下的 index.js 文件，应用 import 引入路由组件，并创建 router 对象，再使用 export default 进行导出，代码如下。

```
import { createRouter, createWebHistory } from 'vue-router'
import ShopList from '@/views/ShopList.vue'//引入组件
import AddGoods from '@/views/AddGoods.vue'//引入组件

const routes = [
    {
      path: '/',
      name: 'shop',
      component: ShopList
    },
    {
      path: '/add',
      name: 'add',
      component: AddGoods
    }
]

const router = createRouter({
  history: createWebHistory(process.env.BASE_URL),
  routes
})

export default router
```

习题

14-1　简述 Vuex 的组成部分及它们的说明。

14-2　Vuex 中的 action 和 mutation 有什么区别?

第15章 综合开发实例——51购商城

本章要点

❑ 了解电子商城购物流程
❑ 掌握使用路由实现页面跳转的方法
❑ 熟悉使用 AIGC 分析优化项目的方法
❑ 掌握电子商城的页面布局
❑ 应用 Vuex 实现数据共享

51购商城项目的
配置使用

网络购物已经不再是什么新鲜事物，如今无论是企业还是个人，都可以很方便地在网上交易商品、批发零售。比如在淘宝上开网店、在微信上开微店等。本章将设计并制作一个综合的电子商城项目——51购商城，循序渐进、由浅入深，使网站的页面布局和购物功能可以提供更好的用户体验。

15.1 项目的设计思路

15.1.1 项目概述

项目概述

从整体设计上看，51购商城具有常见电子商城的功能，比如商品推荐、商品详情展示、购物车等。网站的主要页面划分如下。

❑ 商城主页：用户访问网站的入口页面。介绍推荐商品和促销商品等信息，具有分类导航功能，方便用户浏览商品。

❑ 商品详情页面：全面、详细地展示某一种商品，包括商品本身的介绍信息、商品产地、用户对商品的评价、相似商品的推荐等内容。

❑ 购物车页面：用户对某种商品产生消费意愿后，则可以将商品添加到购物车页面，购物车页面用于详细记录已添加商品的价格和数量等内容。

❑ 付款页面：模拟真实的付款流程，包含收货地址、支付方式和物流方式的选择等内容。

❑ 登录和注册页面：含有对用户登录和注册时提交的表单信息的验证，比如，账户密码不能为空、数字验证和邮箱验证等。

15.1.2 页面预览

页面预览

下面展示几个主要的页面效果。

❑ 51购商城主页如图15-1所示。用户可以进行浏览商品分类信息、选择商品和搜索商品等操作。

图 15-1 51 购商城主页

❑ 付款页面的效果如图 15-2 所示。用户选择完商品并将其加入购物车后，则进入付款页面。付款页面包含收货地址、物流方式和支付方式等内容，符合常见电商网站的付款流程。

图 15-2　付款页面的效果

15.1.3　功能结构

功能结构

51 购商城由主页、商品、购物车、付款、登录和注册 6 个功能组成。其中，登录和注册的页面布局基本相似，可以当作一个功能。详细的功能结构如图 15-3 所示。

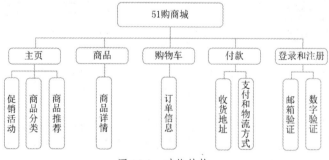

图 15-3　功能结构

文件夹组织结构

15.1.4 文件夹组织结构

设计规范、合理的文件夹组织结构，可以方便日后的维护和管理。为了建立 51 购商城，首先新建 shop 文件夹作为项目根目录文件夹，然后在资源存储目录 assets 中新建 css 文件夹、fonts 文件夹、images 文件夹和 js 文件夹，分别用于保存样式文件、字体文件、图片文件和 JavaScript 文件，最后新建各个功能页面的组件存储目录。具体的文件夹组织结构如图 15-4 所示。

```
∨ 📁 shop
  > 📁 node_modules  library root ──────── 项目依赖工具包存储目录
  ∨ 📁 public ──────────────────────── 静态资源存储目录
       📄 index.html ──────────────── 项目入口的HTML文件
  ∨ 📁 src ─────────────────────────── 开发目录
    ∨ 📁 assets ──────────────────── 资源存储目录，会被 webpack 构建
      > 📁 css ───────────────────── 样式文件存储目录
      > 📁 fonts ──────────────────── 字体文件存储目录
      > 📁 images ─────────────────── 图片文件存储目录
      > 📁 js ─────────────────────── JavaScript 文件存储目录
    ∨ 📁 components ──────────────── 公共组件存储目录
         ▼ TheFooter.vue ──────────── 页面尾部组件
         ▼ TheNav.vue ─────────────── 页面导航组件
         ▼ TheTop.vue ─────────────── 页面头部组件
    > 📁 router ─────────────────── 路由配置文件存储目录
    > 📁 store ─────────────────── 状态管理配置文件存储目录
    ∨ 📁 views ────────────────── 页面组件存储目录
      > 📁 index ────────────────── 主页组件存储目录
      > 📁 login ────────────────── 登录页面组件存储目录
      > 📁 pay ────────────────── 付款页面组件存储目录
      > 📁 register ──────────────── 注册页面组件存储目录
      > 📁 shopcart ─────────────── 购物车页面组件存储目录
      > 📁 shopinfo ─────────────── 商品详情页面组件存储目录
    ▼ App.vue ───────────────────── 根组件
    📄 main.js ──────────────────── 项目入口的JavaScript文件
```

图 15-4　51 购商城的文件夹组织结构

15.2 主页的设计与实现

主页的设计

15.2.1 主页的设计

在越来越重视用户体验的今天，主页的设计非常重要和关键。视觉效果优秀的页面设计和方便、个性化的使用体验，会让用户印象深刻。因此，51 购商城的主页特别设计了商品推荐和促销活动两个功能，为用户推荐商品和活动。主页各个区域如图 15-5 和图 15-6 所示。

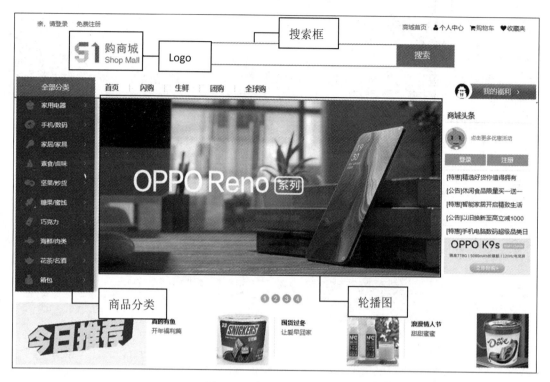

图 15-5　主页顶部区域

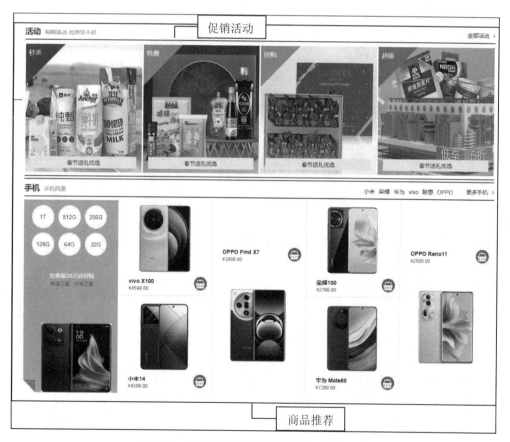

图 15-6　主页的促销活动区域和商品推荐区域

15.2.2 顶部区和底部区功能的实现

根据由简到繁的原则，首先实现网站顶部区和底部区的功能。顶部区主要由网站的 Logo 图片、搜索框和导航菜单（登录、注册和商城首页等超链接）组成，方便用户跳转到其他页面。底部区由制作公司和导航栏组成，并链接到技术支持的官网。实现功能后的页面如图 15-7 所示。

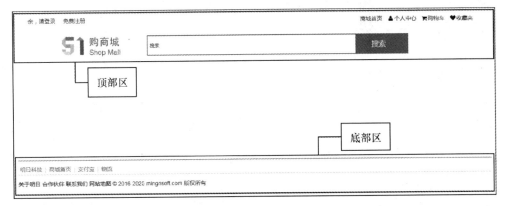

图 15-7　主页的顶部区和底部区

具体的实现步骤如下。

（1）在 components 文件夹下新建 TheTop.vue 文件，实现顶部区的功能。在<template>元素中定义导航菜单、网站的 Logo 图片和搜索框。在<script>元素中判断用户登录状态，实现不同状态下页面的跳转。关键代码如下。

```
<template>
 <div class="hmtop">
   <!--顶部导航条 -->
   <div class="mr-container header">
    <ul class="message-l">
      <div class="topMessage">
       <div class="menu-hd">
         <a @click="show('login')" target="_top" class="h" style="color: red" v-if=
"!isLogin">亲，请登录</a>
         <span v-else style="color: green">{{user}}，欢迎您 <a @click="logout" style=
"color: red">退出登录</a></span>
         <a @click="show('register')" target="_top" style="color: red; margin-left:
20px;">免费注册</a>
       </div>
      </div>
    </ul>
    <ul class="message-r">
      <div class="topMessage home">
       <div class="menu-hd"><a @click="show('home')" target="_top" class="h" style=
"color:red">商城首页</a></div>
      </div>
      <div class="topMessage my-shangcheng">
       <div class="menu-hd MyShangcheng">
         <a href="#" target="_top"><i class="mr-icon-user mr-icon-fw"></i>个人中心</a>
       </div>
```

```html
        </div>
        <div class="topMessage mini-cart">
          <div class="menu-hd"><a id="mc-menu-hd" @click="show('shopcart')" target="_top">
            <i class="mr-icon-shopping-cart mr-icon-fw"></i><span style="color:red">购物车</span>
            <strong id="J_MiniCartNum" class="h" v-if="isLogin">{{length}}</strong>
          </a>
          </div>
        </div>
        <div class="topMessage favorite">
          <div class="menu-hd">
            <a href="#" target="_top"><i class="mr-icon-heart mr-icon-fw"></i><span>收藏夹</span></a>
          </div>
        </div>
      </ul>
    </div>
    <!--悬浮搜索框-->
    <div class="nav white">
      <div class="logo"><a @click="show('home')"><img src="@/assets/images/logo.png"/></a></div>
      <div class="logoBig">
        <li @click="show('home')"><img src="@/assets/images/logobig.png"/></li>
      </div>
      <div class="search-bar pr">
        <form>
          <input id="searchInput" name="index_none_header_sysc" type="text" placeholder="搜索" autocomplete="off">
          <input id="ai-topsearch" class="submit mr-btn" value="搜索" index="1" type="submit">
        </form>
      </div>
    </div>
    <div class="clear"></div>
  </div>
</template>
<script>
  import {mapState,mapGetters,mapActions} from 'vuex'     //引入辅助函数
  export default {
    name: 'TheTop',
    computed: {
      ...mapState([
        'user',                           //this.user 映射为 this.$store.state.user
        'isLogin'                         //this.isLogin 映射为 this.$store.state.isLogin
      ]),
      ...mapGetters([
        'length'                          //this.length 映射为 this.$store.getters.length
      ])
    },
    methods: {
      show: function (value) {
        if(value == 'shopcart'){
          if(this.user == null){                          //用户未登录
            alert('亲，请登录! ');
            this.$router.push({name:'login'});            //跳转到登录页面
            return false;
```

```
        }
      }
      this.$router.push({name:value});
    },
    ...mapActions([
        'logoutAction'   //this.logoutAction()映射为 this.$store. dispatch('logoutAction')
    ]),
    logout: function () {
      if(confirm('确定退出登录吗？')){
        this.logoutAction();                    //执行退出登录操作
        this.$router.push({name:'home'});       //跳转到主页
      }else{
        return false;
      }
    }
  }
}
</script>
<style scoped lang="scss">
.logoBig li{
  cursor: pointer;                              //定义鼠标指针形状
}
a{
  cursor: pointer;                              //定义鼠标指针形状
}
</style>
```

（2）在 components 文件夹下新建 TheFooter.vue 文件，实现底部区的功能。<template>元素首先通过<p>元素和<a>元素实现底部的导航栏，然后使用<p>元素显示关于明日、合作伙伴和联系我们等网站制作团队的相关信息。在<script>元素中定义实现页面跳转的方法。代码如下。

```
<template>
  <div class="footer ">
    <div class="footer-hd ">
      <p>
        <a href="https://www.mingrisoft.com/" target="_blank">明日科技</a>
        <b>|</b>
        <a href="javascript:void(0)" @click="show">商城首页</a>
        <b>|</b>
        <a href="javascript:void(0)">支付宝</a>
        <b>|</b>
        <a href="javascript:void(0)">物流</a>
      </p>
    </div>
    <div class="footer-bd ">
      <p>
        <a  href="https://www.mingrisoft.com/Index/ServiceCenter/aboutus.html"  target=
"_blank">关于明日 </a>
        <a href="javascript:void(0)">合作伙伴 </a>
        <a href="javascript:void(0)">联系我们 </a>
        <a href="javascript:void(0)">网站地图 </a>
        <em>© 2016-2025 mingrisoft.com 版权所有</em>
      </p>
```

```
      </div>
    </div>
  </template>
  <script>
    export default {
      methods: {
        show: function () {
          this.$router.push({name:'home'});                //跳转到主页
        }
      }
    }
  </script>
```

15.2.3　商品分类导航功能的实现

　　主页商品分类导航功能将商品分门别类，便于用户查找。将鼠标指针移
到某一商品分类时，会弹出商品的子类别内容，鼠标指针移出时，子类别内
容消失。因此，商品分类导航功能可以使商品信息更清晰易查、井井有条。
商品分类导航功能的效果如图 15-8 所示。

商品分类导航功能的
实现

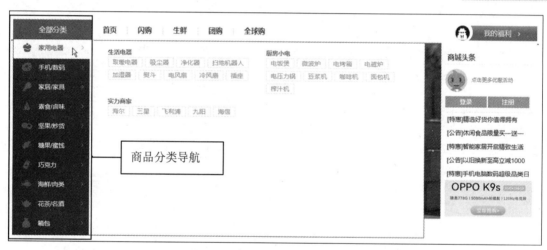

图 15-8　商品分类导航功能的效果

　　具体的实现步骤如下。

　　（1）在 views/index 文件夹下新建 IndexMenu.vue 文件。<template>元素通过<li>元素显示商品
分类信息。<li>元素通过触发 mouseover 事件和 mouseout 事件执行相应的方法。关键代码如下。

```
<template>
  <div>
    <!--侧边导航 -->
    <div id="nav" class="navfull">
      <div class="area clearfix">
        <div class="category-content" id="guide_2">
          <div class="category">
            <ul class="category-list" id="js_climit_li">
              <li class="appliance js_toggle relative" v-for="(v,i) in data" :key=
                  "i" @mouseover="mouseOver(i)" @mouseout="mouseOut(i)">
                <div class="category-info">
                  <h3 class="category-name b-category-name">
```

```
                <i><img :src="v.url"></i>
                 <a class="ml-22" :title="v.bigtype">{{v.bigtype}}</a>
              </h3>
              <em>&gt;</em></div>
              <div class="menu-item menu-in top" >
               <div class="area-in">
                <div class="area-bg">
                  <div class="menu-srot">
                    <div class="sort-side">
                      <dl class="dl-sort" v-for="v in v.smalltype" :key="v">
                        <dt><span >{{v.name}}</span></dt>
                        <dd v-for="v in v.goods" :key="v">
                         <a href="javascript:void(0)"><span>{{v}}</span></a>
                        </dd>
                      </dl>
                    </div>
                  </div>
                </div>
               </div>
              </div>
              <b class="arrow"></b>
            </li>
         </ul>
        </div>
      </div>
    </div>
   </div>
  </div>
</template>
```

（2）在<script>元素中，编写鼠标指针移入移出事件执行的方法，即 mouseOver()方法和
mouseOut()方法，二者实现逻辑相似。以 mouseOver()方法为例，当鼠标指针移入<li>元素节点
时，获取事件对象 obj，设置 obj 对象的样式，找到 obj 对象的子节点（商品子类别），将子节点
内容显示到页面中。代码如下。

```
<script>
  import data from '@/assets/js/data.js';                    //导入数据
  export default {
    name: 'IndexMenu',
    data: function(){
      return {
        data: data
      }
    },
    methods: {
      mouseOver: function (i){
        var obj=document.getElementsByClassName('appliance')[i];
        obj.className="appliance js_toggle relative hover";  //设置当前事件对象样式
        var menu=obj.childNodes;                              //寻找该事件的子节点（商品子类别）
        menu[1].style.display='block';                        //设置子节点显示
      },
      mouseOut: function (i){
        var obj=document.getElementsByClassName('appliance')[i];
        obj.className="appliance js_toggle relative";         //设置当前事件对象样式
        var menu=obj.childNodes;                              //寻找该事件的子节点（商品子类别）
```

```
        menu[1].style.display='none';        //设置子节点隐藏
    },
    show: function (value) {
      this.$router.push({name:value})
    }
  }
 }
</script>
```

15.2.4　轮播图功能的实现

轮播图功能用于根据固定的时间间隔动态地显示或隐藏图片,引起用户的关注。轮播图一般是系统推荐的最新商品内容。在主页中,实现轮播图功能时应用了过渡效果。主页轮播图的效果如图 15-9 所示。

图 15-9　主页轮播图的效果

具体实现步骤如下。

(1)在 views/index 文件夹下新建 IndexBanner.vue 文件。在<template>元素中应用 v-for 指令和<transition-group>组件实现列表过渡。在<li>标签中应用 v-for 指令定义 4 个数字轮播顺序节点。关键代码如下。

```
<template>
  <div class="banner">
    <div class="mr-slider mr-slider-default scoll" data-mr-flexslider id="demo-slider-0">
    <div id="box">
      <ul id="imagesUI" class="list">
        <transition-group name="fade" tag="div">
          <li v-for="(v,i) in banners" :key="v" v-show="(i+1)==index?true:false"><img :
src="v"></li>
        </transition-group>
      </ul>
      <ul id="btnUI" class="count">
        <li v-for="num in 4" :key="num" @mouseover='change(num)' :class='{current:num==
index}'>
          {{num}}
```

```
        </li>
      </ul>
    </div>
  </div>
  <div class="clear"></div>
</div>
</template>
```

（2）在<script>元素中编写实现图片轮播的代码。在 mounted()钩子函数中定义图片每 3s 轮换一次。在 change()方法中实现当鼠标指针移到数字按钮上时切换到对应图片。关键代码如下。

```
<script>
  export default {
    name: 'IndexBanner',
    data : function(){
      return {
        banners : [                                    //广告图片数组
          require('@/assets/images/ad1.png'),
          require('@/assets/images/ad2.png'),
          require('@/assets/images/ad3.png'),
          require('@/assets/images/ad4.png')
        ],
        index : 1,                                     //图片的索引
        flag : true,
        timer : '',                                    //定时器 ID
      }
    },
    methods : {
      next : function(){
        //下一张图片，图片索引为 4 时返回到第一张
        this.index = this.index + 1 == 5 ? 1 : this.index + 1;
      },
      change : function(num){
        //鼠标指针移到数字按钮上时切换到对应图片
        if(this.flag){
          this.flag = false;
          //过 1s 后可以再次移到数字按钮上切换图片
          setTimeout(()=>{
            this.flag = true;
          },1000);
          this.index = num;                            //切换为选中的图片
          clearTimeout(this.timer);                    //取消定时器
          //过 3s 图片轮换
          this.timer = setInterval(this.next,3000);
        }
      }
    },
    mounted : function(){
      //过 3s 图片轮换
      this.timer = setInterval(this.next,3000);
    }
  }
</script>
```

（3）在\<style\>元素中编写实现图片显示与隐藏的过渡效果使用的类。关键代码如下。

```scss
<style lang="scss" scoped>
  /* 设置过渡属性 */
  .fade-enter-active, .fade-leave-active{
    transition: all 1s;
  }
  .fade-enter-from, .fade-leave-to{
    opacity: 0;
  }
</style>
```

15.2.5 商品推荐功能的实现

商品推荐功能的实现

商品推荐功能用于动态显示推荐的商品信息，包括商品的缩略图、价格等内容。商品推荐功能有助于用户了解商品信息，提高商品的销量。其中，"手机"商品推荐界面如图 15-10 所示。

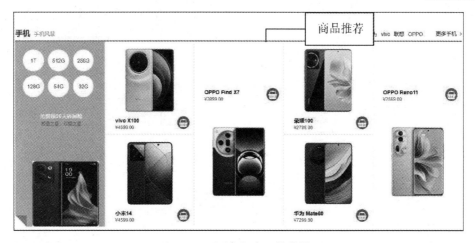

图 15-10 "手机"商品推荐界面

具体实现步骤如下。

（1）在 views/index 文件夹下新建 IndexPhone.vue 文件。在\<template\>元素中编写 HTML 的布局代码。应用 v-for 指令循环输出手机的品牌和内存。再通过\<div\>元素显示具体的商品内容，包括商品图片、名称和价格信息等。关键代码如下。

```html
<template>
  <!--手机-->
  <div id="f1">
    <div class="mr-container ">
      <div class="shopTitle ">
        <h4>手机</h4>
        <h3>手机风暴</h3>
        <div class="today-brands ">
          <a href="javascript:void(0)" v-for="item in brands" :key="item">{{item}}</a>
        </div>
        <span class="more ">
          <a href="javascript:void(0)">更多手机 <i class="mr-icon-angle-right" style=
"padding-left:10px ;"></i></a>
```

```
        </span>
      </div>
    </div>
    <div class="mr-g mr-g-fixed floodFive ">
      <div class="mr-u-sm-5 mr-u-md-3 text-one list">
        <div class="word">
          <a class="outer" href="javascript:void(0)" v-for="item in storage" :key="item">
            <span class="inner"><b class="text">{{item}}</b></span>
          </a>
        </div>
        <a href="javascript:void(0)">
          <img src="@/assets/images/tel.png" width="100px" height="170px"/>
          <div class="outer-con ">
            <div class="title ">
                免费领 30 天碎屏险
            </div>
            <div class="sub-title ">
                颜值之星，双摄之星
            </div>
          </div>
        </a>
        <div class="triangle-topright"></div>
      </div>
      <div class="mr-u-sm-7 mr-u-md-5 mr-u-lg-2 text-two">
        <div class="outer-con ">
          <div class="title ">
            vivo X100
          </div>
          <div class="sub-title ">
            ¥4599.00
          </div>
          <i class="mr-icon-shopping-basket mr-icon-md seprate"></i>
        </div>
        <a href="javascript:void(0)" @click="show"><img src="@/assets/images/phone1.jpg"/></a>
      </div>
      <!-- 省略部分代码 -->
    </div>
    <div class="clear "></div>
  </div>
</template>
```

（2）在<script>元素中定义手机品牌数组和手机内存数组，定义当单击商品图片时执行的方法 show()，实现跳转到商品详情页面的功能。关键代码如下。

```
<script>
  export default {
    name: 'IndexPhone',
    data: function(){
      return {
        //手机品牌数组
        brands: ['小米','荣耀','华为','vivo','联想','OPPO'],
        //手机内存数组
        storage: ['1T','512G','256G','128G','64G','32G']
      }
```

```
    },
    methods: {
      show: function () {
        this.$router.push({name:'shopinfo'});                    //跳转到商品详情页面
      }
    }
  }
</script>
```

⚠ 注意：当鼠标指针移入某张具体的商品图片时，图片会呈现偏移效果，以引起用户的注意和兴趣。

15.3　商品详情页面的设计与实现

15.3.1　商品详情页面的设计

商品详情页面的设计

商品详情页面是商城主页的子页面。用户单击主页中的某一商品图片后，将进入商品详情页面。商品详情页面是至关重要的功能页面，直接影响用户的购买意愿。为此，51 购商城的商品详情页面包含商品展示图、商品概要信息、宝贝详情和全部评价等功能模块，以便用户决策。商品详情页面的效果如图 15-11 和图 15-12 所示。

图 15-11　商品详情页面的效果（1）

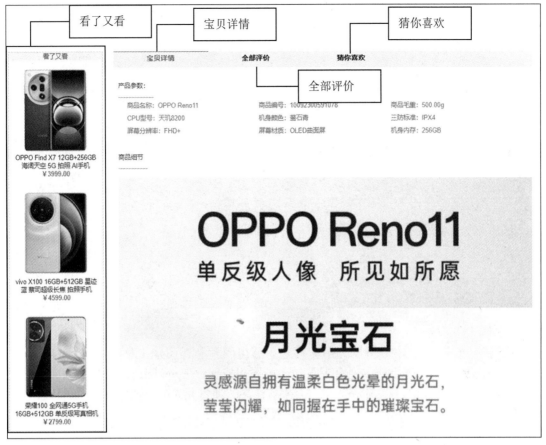

图 15-12　商品详情页面的效果（2）

15.3.2　图片放大镜效果的实现

图片放大镜效果的
实现

在商品展示图区域底部有一个缩略图列表，当鼠标指针指向某个缩略图时，上方会显示对应的商品图片，当鼠标指针移入图片时，右侧会显示该图片对应区域的放大效果。图片放大镜效果如图 15-13 所示。

图 15-13　图片放大镜效果

具体实现步骤如下。

（1）在 views/shopinfo 文件夹下新建 ShopinfoEnlarge.vue 文件。在<template>元素中分别定义商品图片、图片放大工具、放大的图片和商品缩略图，通过在商品图片上触发 mouseenter 事件、mouseleave 事件和 mousemove 事件执行相应的方法。关键代码如下。

```
<template>
  <div class="clearfixLeft" id="clearcontent">
    <div class="box">
      <div class="enlarge" @mouseenter="mouseEnter" @mouseleave="mouseLeave" @mousemove=
"mouseMove">
        <img :src="bigImgUrl[n]" title="细节展示放大镜特效">
        <span class="tool"></span>
        <div class="bigbox">
          <img :src="bigImgUrl[n]" class="bigimg">
        </div>
      </div>
      <ul class="tb-thumb" id="thumblist">
        <li :class="{selected:n == index}" v-for="(item,index) in smallImgUrl" :key=
"index" @mouseover="setIndex(index)">
          <div class="tb-pic tb-s40">
            <a href="javascript:void(0)"><img :src="item"></a>
          </div>
        </li>
      </ul>
    </div>
    <div class="clear"></div>
  </div>
</template>
```

（2）在\<script\>元素中编写鼠标指针移入、移出图片和在图片上移动时执行的方法。在
mouseEnter()方法中，设置图片放大工具和放大的图片显示；在 mouseLeave()方法中，设置图片
放大工具和放大的图片隐藏；在 mouseMove()方法中，通过元素的定位属性设置图片放大工具
和放大的图片的位置，实现图片的放大效果。关键代码如下。

```
<script>
  export default {
    data: function(){
      return {
        n: 0,                                            //缩略图索引
        smallImgUrl: [                                   //缩略图数组
          require('@/assets/images/01_small.jpg'),
          require('@/assets/images/02_small.jpg'),
          require('@/assets/images/03_small.jpg')
        ],
        bigImgUrl: [                                     //商品图片数组
          require('@/assets/images/01.jpg'),
          require('@/assets/images/02.jpg'),
          require('@/assets/images/03.jpg')
        ]
      }
    },
    methods: {
      mouseEnter: function () {                          //鼠标指针移入图片的效果
        document.querySelector('.tool').style.display='block';
        document.querySelector('.bigbox').style.display='block';
      },
      mouseLeave: function () {                          //鼠标指针移出图片的效果
        document.querySelector('.tool').style.display='none';
        document.querySelector('.bigbox').style.display='none';
      },
      mouseMove: function (e) {
        var enlarge=document.querySelector('.enlarge');
```

```
        var tool=document.querySelector('.tool');
        var bigimg=document.querySelector('.bigimg');
        var ev=window.event || e;                        //获取事件对象
        //获取图片放大工具到商品图片左侧的距离
        var x=ev.clientX-enlarge.offsetLeft-tool.offsetWidth/2+document.documentElement.
scrollLeft;
        //获取图片放大工具到商品图片顶部的距离
        var y=ev.clientY-enlarge.offsetTop-tool.offsetHeight/2+document.documentElement.
scrollTop;
        if(x<0)  x=0;
        if(y<0)  y=0;
        if(x>enlarge.offsetWidth-tool.offsetWidth){
          x=enlarge.offsetWidth-tool.offsetWidth;        //图片放大工具到商品图片左侧的最大距离
        }
        if(y>enlarge.offsetHeight-tool.offsetHeight){
          y=enlarge.offsetHeight-tool.offsetHeight;      //图片放大工具到商品图片顶部的最大距离
        }
        //设置图片放大工具位置
        tool.style.left = x+'px';
        tool.style.top = y+'px';
        //设置放大的图片的位置
        bigimg.style.left = -x * 2+'px';
        bigimg.style.top = -y * 2+'px';
      },
      setIndex: function (index) {
        this.n=index;                                    //设置缩略图索引
      }
    }
  }
</script>
```

15.3.3　商品概要功能的实现

商品概要包含商品名称、价格和配送地址等信息。用户快速浏览商品概要信息，可以了解商品的销量、可配送地址和库存等内容以便快速决策，节省浏览时间。商品概要信息界面如图 15-14 所示。

商品概要功能的实现

图 15-14　商品概要信息界面

具体实现步骤如下。

（1）在 views/shopinfo 文件夹下新建 ShopinfoInfo.vue 文件。在\<template\>元素中，使用\<h1\>元素显示商品名称，使用\<li\>元素显示价格信息。关键代码如下。

```
<template>
  <div>
    <ol class="mr-breadcrumb mr-breadcrumb-slash">
      <li><a href="javascript:void(0)">首页</a></li>
      <li><a href="javascript:void(0)">分类</a></li>
      <li class="mr-active">内容</li>
    </ol>
    <div class="scoll">
      <section class="slider">
        <div class="flexslider">
          <ul class="slides">
            <li>
              <img src="@/assets/images/01.jpg" title="pic">
            </li>
            <li>
              <img src="@/assets/images/02.jpg">
            </li>
            <li>
              <img src="@/assets/images/03.jpg">
            </li>
          </ul>
        </div>
      </section>
    </div>
    <!--放大镜-->
    <div class="item-inform">
      <ShopinfoEnlarge/>
      <div class="clearfixRight">
        <!--规格属性-->
        <!--名称-->
        <div class="tb-detail-hd">
          <h1>
            {{goodsInfo.name}}
          </h1>
        </div>
        <div class="tb-detail-list">
          <!--价格-->
          <div class="tb-detail-price">
            <li class="price iteminfo_price">
              <dt>促销价</dt>
              <dd><em>¥</em><b
class="sys_item_price">{{goodsInfo.unitPrice.toFixed(2)}}</b></dd>
            </li>
            <li class="price iteminfo_mktprice">
              <dt>原价</dt>
              <dd><em>¥</em><b class="sys_item_mktprice">2799.00</b></dd>
            </li>
            <div class="clear"></div>
          </div>
```

```
    <!-- 省略部分代码 -->
</template>
```

（2）在<script>元素中引入 mapState 和 mapActions 辅助函数，实现组件中的计算属性、方法和 store 中的 state、action 之间的映射，根据判断用户是否登录的结果跳转到相应的页面。关键代码如下。

```
<script>
  import ShopinfoEnlarge from '@/views/shopinfo/ShopinfoEnlarge'
  import {mapState,mapActions} from 'vuex'  //引入 mapState 和 mapActions
  export default {
    components: {
      ShopinfoEnlarge
    },
    data: function(){
      return {
        number: 1,                              //商品数量
        goodsInfo: {                            //商品基本信息
          img : require("@/assets/images/01.jpg"),
          name : "OPPO Reno11 天玑 8200 AI 拍照手机",
          num : 0,
          unitPrice : 2599,
          isSelect : true
        }
      }
    },
    computed: {
      ...mapState([
          'user'                              //this.user 映射为 this.$store.state.user
      ])
    },
      watch: {
        number: function (newVal,oldVal) {
          if(isNaN(newVal) || newVal == 0){     //输入的是非数字或 0
            this.number = oldVal;               //数量为原来的值
          }
        }
      },
    methods: {
      ...mapActions([
          'getListAction' //this.getListAction()映射为 this.$store.dispatch('getListAction')
      ]),
      show: function () {
        if(this.user == null){
          alert('亲，请登录! ');
          this.$router.push({name:'login'});    //跳转到登录页面
        }else{
          this.getListAction({                  //执行方法并传递参数
            goodsInfo: this.goodsInfo,
            number: parseInt(this.number)
          });
          this.$router.push({name:'shopcart'});  //跳转到购物车页面
        }
      },
```

```
    reduce: function () {
      if(this.number >= 2){
        this.number--;                                    //商品数量减1
      }
    },
    add: function () {
      this.number++;                                      //商品数量加1
    }
  }
}
</script>
```

15.3.4 猜你喜欢功能的实现

猜你喜欢功能用于为用户推荐相似商品，不仅方便用户立即挑选商品，还
能增加商品详情页面内容的丰富性，使用户体验更好。猜你喜欢界面的效果如
图 15-15 所示。

猜你喜欢功能的实现

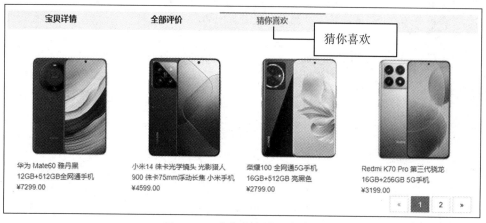

图 15-15　猜你喜欢界面的效果

具体实现步骤如下。

（1）在 views/shopinfo 文件夹下新建 ShopinfoLike.vue 文件。在<template>元素中编写商品
列表区域的 HTML 布局代码。首先使用<li>元素显示商品基本信息，包括商品缩略图、商品价
格和商品名称等内容，然后使用<li>元素对商品信息进行分页处理。关键代码如下。

```
<template>
  <div id="youLike" class="mr-tab-panel">
    <div class="like">
      <ul class="mr-avg-sm-2 mr-avg-md-3 mr-avg-lg-4 boxes">
        <li>
          <div class="i-pic limit">
            <img src="@/assets/images/phone3.jpg">
            <p>华为 Mate60　雅丹黑 12GB+512GB 全网通手机</p>
            <p class="price fl">
              <b>¥</b>
              <strong>7299.00</strong>
            </p>
          </div>
        </li>
        <!-- 省略部分代码 -->
```

```
          </ul>
        </div>
        <div class="clear"></div>
        <!--分页 -->
        <ul class="mr-pagination mr-pagination-right">
          <li :class="{'mr-disabled':curentPage==1}" @click="jump(curentPage-1)"><a href=
"javascript:void(0)">&laquo;</a></li>
          <li :class="{'mr-active':curentPage==n}" v-for="n in pages" :key="n" @click="jump(n)">
            <a href="javascript:void(0)">{{n}}</a>
          </li>
          <li :class="{'mr-disabled':curentPage==pages}" @click="jump(curentPage+1)">
            <a href="javascript:void(0)">&raquo;</a>
          </li>
        </ul>
        <div class="clear"></div>
      </div>
    </template>
```

（2）在<script>元素中编写实现商品信息分页的逻辑代码。在 data 选项中定义每页显示的元素个数，通过计算属性获取元素总数和总页数。在 methods 选项中定义 jump()方法，通过页面元素的隐藏和显示实现商品信息分页的效果。关键代码如下。

```
<script>
  export default {
    data: function () {
      return {
        items: [],
        eachNum: 4,                                          //每页显示的元素个数
        curentPage: 1                                        //当前页数
      }
    },
    mounted: function(){
      this.items = document.querySelectorAll('.like li');    //获取所有元素
      for(var i = 0; i < this.items.length; i++){
        if(i < this.eachNum){
          this.items[i].style.display = 'block';             //显示第一页内容
        }else{
          this.items[i].style.display = 'none';              //隐藏其他页内容
        }
      }
    },
    computed: {
      count: function () {
        return this.items.length;                            //元素总数
      },
      pages: function () {
        return Math.ceil(this.count/this.eachNum);           //总页数
      }
    },
    methods: {
      jump: function (n) {
        this.curentPage = n;
        if(this.curentPage < 1){
          this.curentPage = 1;                               //页数最小值
        }
        if(this.curentPage > this.pages){
```

```
        this.curentPage = this.pages;                        //页数最大值
      }
      for(var i = 0; i < this.items.length; i++){
        this.items[i].style.display = 'none';                //隐藏所有元素
      }
      var start = (this.curentPage - 1) * this.eachNum;       //每页第一个元素索引
      var end = start + this.eachNum;                          //每页最后一个元素索引
      end = end > this.count ? this.count : end;              //尾页最后一个元素索引
      for(var j = start; j < end; j++){
        this.items[j].style.display = 'block';                //当前页元素显示
      }
    }
  }
}
</script>
```

15.3.5　选项卡切换效果的实现

在商品详情页面有"宝贝详情""全部评价""猜你喜欢"3 个选项卡，当单击某个选项卡标签时，下方会切换为该选项卡对应的内容。选项卡切换效果如图 15-16 所示。

选项卡切换效果的
实现

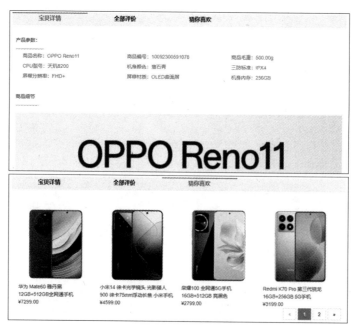

图 15-16　选项卡切换效果

具体实现步骤如下。

（1）在 views/shopinfo 文件夹下新建 ShopinfoIntroduce.vue 文件。在<template>元素中首先定义"宝贝详情""全部评价""猜你喜欢"3 个选项卡，然后使用动态组件，应用<component>元素将 data 数据 current 动态绑定到它的 is 属性。代码如下。

```
<template>
  <div class="introduceMain">
    <div class="mr-tabs" data-mr-tabs>
```

```
       <ul class="mr-avg-sm-3 mr-tabs-nav mr-nav mr-nav-tabs">
         <li id="infoTitle" :class="{'mr-active':current=='ShopinfoDetails'}">
           <a @click="current='ShopinfoDetails'">
             <span class="index-needs-dt-txt">宝贝详情</span></a>
         </li>
         <li id="commentTitle" :class="{'mr-active':current=='ShopinfoComment'}">
           <a @click="current='ShopinfoComment'">
             <span class="index-needs-dt-txt">全部评价</span></a>
         </li>
         <li id="youLikeTitle" :class="{'mr-active':current=='ShopinfoLike'}">
           <a @click="current='ShopinfoLike'">
             <span class="index-needs-dt-txt">猜你喜欢</span></a>
         </li>
       </ul>
       <div class="mr-tabs-bd">
         <component :is="current"></component>
       </div>
     </div>
     <div class="clear"></div>
     <div class="footer ">
       <div class="footer-hd ">
         <p>
           <a href="https://www.mingrisoft.com/" target="_blank">明日科技</a>
           <b>|</b>
           <a href="javascript:void(0)" @click="show">商城首页</a>
           <b>|</b>
           <a href="javascript:void(0)">支付宝</a>
           <b>|</b>
           <a href="javascript:void(0)">物流</a>
         </p>
       </div>
       <div class="footer-bd ">
         <p>
           <a href="https://www.mingrisoft.com/Index/ServiceCenter/aboutus.html" target=
"_blank">关于明日</a>
           <a href="javascript:void(0)">合作伙伴</a>
           <a href="javascript:void(0)">联系我们</a>
           <a href="javascript:void(0)">网站地图</a>
           <em>&copy; 2016-2025 mingrisoft.com 版权所有</em> </p>
       </div>
     </div>
   </div>
</template>
```

（2）在<script>元素中引入 3 个选项卡内容对应的组件，并应用 components 选项注册 3 个组件。关键代码如下。

```
<script>
  import ShopinfoDetails from '@/views/shopinfo/ShopinfoDetails'      //引入组件
  import ShopinfoComment from '@/views/shopinfo/ShopinfoComment'      //引入组件
  import ShopinfoLike from '@/views/shopinfo/ShopinfoLike'           //引入组件
  export default {
    name: 'ShopinfoIntroduce',
    data: function(){
      return {
        current: 'ShopinfoDetails'                                   //当前显示组件
```

```
        }
    },
    components: {
      ShopinfoDetails,
      ShopinfoComment,
      ShopinfoLike
    },
    methods: {
      show: function () {
        this.$router.push({name:'home'});                    //跳转到主页
      }
    }
  }
</script>
```

15.4 购物车页面的设计与实现

15.4.1 购物车页面的设计

电商网站都具有购物车的功能。用户一般先将自己挑选好的商品放到购物车中，然后统一付款，结束交易。在 51 购商城中，用户只有登录后才可以进入购物车页面。购物车页面要求包含商品的型号、数量和价格等内容，方便用户统一确认并购买。购物车页面效果如图 15-17 所示。

购物车页面的设计

图 15-17　购物车页面效果

15.4.2 购物车页面的实现

购物车页面分为顶部、主显示区和底部 3 个部分。这里重点讲解购物车页面中主显示区的实现方法。具体实现步骤如下。

（1）在 views/shopcart 文件夹下新建 ShopcartCart.vue 文件。在<template>元素中应用 v-for 指令循环输出购物车中的商品信息，在"数量"一栏中添加"–"按钮和"+"按钮，当单击按钮时执行相应的方法实现商品数量减 1 或加 1 的操作。在"操作"一栏中添加"删除"超链接，当单击某个超链接时会执行 remove()方法，实现删除指定商品的操作。关键代码如下。

购物车页面的实现

```
<template>
  <div>
    <div v-if="list.length>0">
      <div class="main">
        <div class="goods" v-for="(item,index) in list" :key="index">
          <span class="check"><input type="checkbox" @click="selectGoods(index)" :
checked="item.isSelect"> </span>
          <span class="name"><img :src="item.img">{{item.name}}</span>
          <span class="unitPrice">{{item.unitPrice.toFixed(2)}}</span>
          <span class="num">
            <span @click="reduce(index)" :class="{off:item.num==1}">-</span>
            {{item.num}}
            <span @click="add(index)">+</span>
          </span>
          <span class="unitTotalPrice">{{item.unitPrice * item.num.toFixed(2)}}</span>
          <span class="operation">
            <a @click="remove(index)">删除</a>
          </span>
        </div>
      </div>
      <div class="info">
        <span><input type="checkbox" @click="selectAll" :checked="isSelectAll"> 全选</span>
        <a @click="emptyCar">清空购物车</a>
        <span>已选商品<span class="totalNum">{{totalNum}}</span> 件</span>
        <span>合计:<span class="totalPrice">¥{{totalPrice.toFixed(2)}}</span></span>
        <span @click="show('pay')">去结算</span>
      </div>
    </div>
    <div class="empty" v-else>
      <img src="@/assets/images/shopcar.png">
      购物车内暂时没有商品, <a @click="show('home')">去购物></a>
    </div>
  </div>
</template>
```

（2）在<script>元素中引入 mapState 和 mapActions 辅助函数，实现组件中的计算属性、方法，以及 store 中的 state、action 之间的映射。利用计算属性统计选择的商品件数和商品总价，在 methods 选项中通过不同的方法实现选择某个商品、全选商品和跳转到指定页面的操作。关键代码如下。

```
<script>
  import { mapState,mapActions } from 'vuex'        //引入 mapState 和 mapActions
  export default{
    data: function () {
      return {
        isSelectAll : false                         //默认未全选
      }
    },
    mounted: function(){
      this.isSelectAll = true;                       //全选
      for(var i = 0;i < this.list.length; i++){
        //有一个商品未选中即取消全选
        if(this.list[i].isSelect == false){
          this.isSelectAll=false;
        }
      }
```

```
    },
    computed : {
      ...mapState([
        'list'                                        //this.list 映射为 this.$store.state.list
      ]),
      totalNum : function(){                          //计算商品件数
        var totalNum = 0;
        this.list.forEach(function(item){
          if(item.isSelect){
            totalNum+=1;
          }
        });
        return totalNum;
      },
      totalPrice : function(){                        //计算商品总价
        var totalPrice = 0;
        this.list.forEach(function(item){
          if(item.isSelect){
            totalPrice += item.num*item.unitPrice;
          }
        });
        return totalPrice;
      }
    },
    methods : {
      ...mapActions({
        reduce: 'reduceAction',                       //减少商品个数
        add: 'addAction',                             //增加商品个数
        remove: 'removeGoodsAction',                  //移除商品
        selectGoodsAction: 'selectGoodsAction',       //选择商品
        selectAllAction: 'selectAllAction',           //全选商品
        emptyCarAction: 'emptyCarAction'              //清空购物车
      }),
      selectGoods : function(index){                  //选择商品
        var goods = this.list[index];
        goods.isSelect = !goods.isSelect;
        this.isSelectAll = true;
        for(var i = 0;i < this.list.length; i++){
          if(this.list[i].isSelect == false){
            this.isSelectAll=false;
          }
        }
        this.selectGoodsAction({
          index: index,
          bool: goods.isSelect
        });
      },
      selectAll : function(){                         //全选或全不选
        this.isSelectAll = !this.isSelectAll;
        this.selectAllAction(this.isSelectAll);
      },
      emptyCar: function(){                           //清空购物车
        if(confirm('确定要清空购物车吗? ')){
          this.emptyCarAction();
        }
      },
      show: function (value) {
```

```
    if(value == 'home'){
      this.$router.push({name:'home'});              //跳转到主页
    }else{
      if(this.totalNum==0){
        alert('请至少选择一件商品！');
        return false;
      }
      this.$router.push({name:'pay'});               //跳转到付款页面
    }
  }
 }
}
</script>
```

15.5 付款页面的设计与实现

15.5.1 付款页面的设计

付款页面的设计

用户在购物车页面单击"去结算"按钮后，进入付款页面。付款页面包括收货人姓名、手机号、收货地址、物流方式和支付方式等内容。用户确认上述内容无误后，单击"提交订单"按钮，完成交易。付款页面的效果如图 15-18 所示。

图 15-18 付款页面的效果

15.5.2　付款页面的实现

付款页面的实现

付款页面包括多个组件，这里重点讲解付款页面中确认订单信息的组件 PayOrder 和执行订单提交的组件 PayInfo。确认订单信息的界面效果如图 15-19 所示。

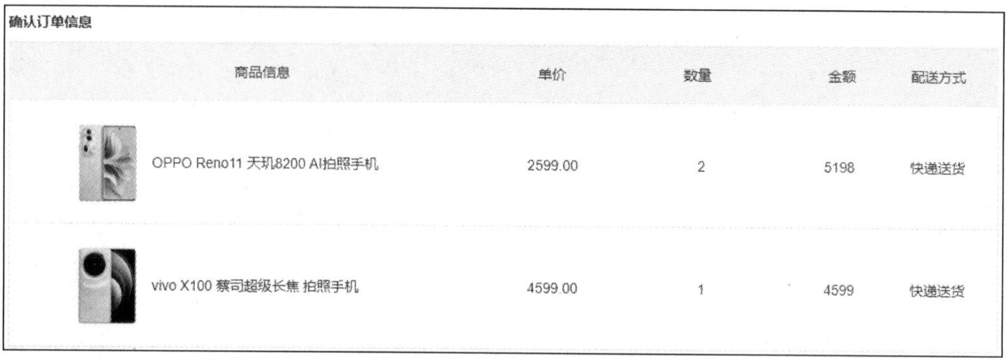

确认订单信息
商品信息
单价
数量
金额
配送方式
OPPO Reno11 天玑8200 AI拍照手机
2599.00
2
5198
快递送货
vivo X100 蔡司超级长焦 拍照手机
4599.00
1
4599
快递送货

图 15-19　确认订单信息的界面效果

执行订单提交的界面效果如图 15-20 所示。

实付款：¥9744.00
寄送至：吉林省 长春市 朝阳区 **花园****号
收货人：Tony 1567699****
提交订单

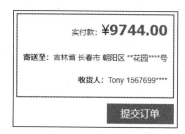

图 15-20　执行订单提交的界面效果

PayOrder 组件的具体实现步骤如下。

（1）在 views/pay 文件夹下新建 PayOrder.vue 文件。在<template>元素中应用 v-for 指令循环输出购物车中选中的商品信息，包括商品名称、单价、数量和金额等。关键代码如下。

```
<template>
  <!--订单 -->
  <div>
    <div class="concent">
      <div id="payTable">
        <h3>确认订单信息</h3>
        <div class="cart-table-th">
          <div class="wp">
            <div class="th th-item">
              <div class="td-inner">商品信息</div>
            </div>
            <div class="th th-price">
              <div class="td-inner">单价</div>
            </div>
            <div class="th th-amount">
              <div class="td-inner">数量</div>
            </div>
```

```
            <div class="th th-sum">
                <div class="td-inner">金额</div>
            </div>
            <div class="th th-oplist">
                <div class="td-inner">配送方式</div>
            </div>
          </div>
        </div>
        <div class="clear"></div>
        <div class="main">
          <div class="goods" v-for="(item,index) in list" :key="index">
            <span class="name">
              <img :src="item.img">
              {{item.name}}
            </span>
            <span class="unitPrice">{{item.unitPrice.toFixed(2)}}</span>
            <span class="num">
              {{item.num}}
            </span>
            <span class="unitTotalPrice">{{item.unitPrice * item.num.toFixed(2)}}</span>
            <span class="pay-logis">
              快递送货
            </span>
          </div>
        </div>
      </div>
    </div>
    <PayMessage :totalPrice="totalPrice"/>
  </div>
</template>
```

（2）在\<script\>元素中引入 mapGetters 辅助函数，实现组件中的计算属性和 store 中的 getters 之间的映射。利用计算属性获取购物车中选中的商品，并计算商品总价。关键代码如下。

```
<script>
  import {mapGetters} from 'vuex'                        //引入 mapGetters
  import PayMessage from '@/views/pay/PayMessage'        //引入组件
  export default {
    components:{
      PayMessage                                         //注册组件
    },
    computed: {
      ...mapGetters([
        'list'                              //this.list 映射为 this.$store.getters.list
      ]),
      totalPrice : function(){                            //计算商品总价
        var totalPrice = 0;
        this.list.forEach(function(item){
          if(item.isSelect){
            totalPrice += item.num*item.unitPrice;
          }
        });
        return totalPrice;
      }
    }
```

```
    }
  </script>
```

PayInfo 组件的具体实现步骤如下。

（1）在 views/pay 文件夹下新建 PayInfo.vue 文件。在<template>元素中定义实付款、收货地址以及收货人信息，并设置当单击"提交订单"按钮时执行 show()方法。关键代码如下。

```
<template>
  <!--信息 -->
  <div class="order-go clearfix">
    <div class="pay-confirm clearfix">
      <div class="box">
        <div tabindex="0" class="realPay"><em class="t">实付款: </em>
          <span class="price g_price ">
            <span>¥</span>
            <em class="style-large-bold-red " id="J_ActualFee">{{lastPrice.toFixed(2)}}</em>
          </span>
        </div>
        <div class="pay-address">
          <p class="buy-footer-address">
            <span class="buy-line-title buy-line-title-type">寄送至: </span>
            <span class="buy--address-detail">
              <span class="province">吉林</span>省
              <span class="city">长春</span>市
              <span class="dist">朝阳</span>区
              <span class="street">**花园****号</span>
            </span>
          </p>
          <p class="buy-footer-address">
            <span class="buy-line-title">收货人: </span>
            <span class="buy-address-detail">
              <span class="buy-user">Tony </span>
              <span class="buy-phone">1567699****</span>
            </span>
          </p>
        </div>
      </div>
      <div class="submitOrder">
        <div class="go-btn-wrap">
          <a id="J_Go" class="btn-go" tabindex="0" title="点击此按钮,提交订单" @click="show">
提交订单</a>
        </div>
      </div>
      <div class="clear"></div>
    </div>
  </div>
</template>
```

（2）在<script>元素中引入 mapActions 辅助函数，实现组件中的方法和 store 中的 action 之间的映射。在 methods 选项中定义 show()方法，在方法中执行清空购物车的操作，并通过路由跳转到商城主页。关键代码如下。

```
<script>
  import {mapActions} from 'vuex'                    //引入 mapActions
  export default {
```

```
      props:['lastPrice'],                         //父组件传递的数据
    methods: {
      ...mapActions({
        emptyCar: 'emptyCarAction'               //this.emptyCar()映射为this.$store.
dispatch('emptyCarAction')
      }),
      show: function () {
        this.emptyCar();                          //执行清空购物车操作
        this.$router.push({name:'home'});         //跳转到主页
      }
    }
  }
</script>
```

15.6 登录和注册页面的设计与实现

登录和注册页面的
设计

15.6.1 登录和注册页面的设计

登录和注册页面是通用的功能页面。51 购商城在设计登录和注册页面时，使用简单的 JavaScript 方法验证邮箱和数字的格式。登录和注册页面的效果分别如图 15-21 和图 15-22 所示。

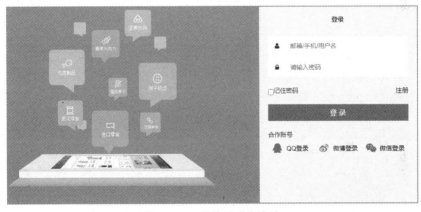

图 15-21 登录页面的效果

图 15-22 注册页面的效果

15.6.2 登录页面的实现

登录页面分为顶部、主显示区和底部 3 个部分，这里重点讲解主显示区的布局和用户登录的验证。登录页面的效果如图 15-23 所示。

图 15-23　登录页面的效果

具体实现步骤如下。

（1）在 views/login 文件夹下新建 LoginHome.vue 文件。在<template>元素中编写登录页面的 HTML 代码。首先定义用于显示用户名和密码的表单，并应用 v-model 指令对表单元素进行数据绑定，然后通过<input>元素设置一个"登录"按钮，单击该按钮会执行 login()方法。关键代码如下。

```
<template>
 <div>
  <div class="login-banner">
   <div class="login-main">
    <div class="login-banner-bg"><span></span><img src="@/assets/images/big.jpg"/></div>
    <div class="login-box">
     <h3 class="title">登录</h3>
     <div class="clear"></div>
     <div class="login-form">
      <form>
       <div class="user-name">
        <label for="user"><i class="mr-icon-user"></i></label>
        <input type="text" v-model="user" id="user" placeholder="邮箱/手机/用户名">
       </div>
       <div class="user-pass">
        <label for="password"><i class="mr-icon-lock"></i></label>
        <input type="password" v-model="password" id="password" placeholder="请输入密码">
       </div>
      </form>
     </div>
    </div>
    <div class="login-links">
```

```
        <label for="remember-me"><input id="remember-me" type="checkbox">记住密码</label>
        <a href="javascript:void(0)" @click="show" class="mr-fr">注册</a>
        <br/>
      </div>
      <div class="mr-cf">
        <input type="submit" name="" value="登 录" @click="login" class="mr-btn mr-btn-
primary mr-btn-sm">
      </div>
      <div class="partner">
        <h3>合作账号</h3>
        <div class="mr-btn-group">
          <li><a href="javascript:void(0)"><i class="mr-icon-qq mr-icon-sm"></i> <span>
QQ登录</span></a></li>
          <li><a href="javascript:void(0)"><i class="mr-icon-weibo mr-icon-sm"></i>
<span>微博登录</span> </a></li>
          <li><a href="javascript:void(0)"><i class="mr-icon-weixin mr-icon-sm"></i>
<span>微信登录</span> </a></li>
        </div>
      </div>
    </div>
   </div>
  </div>
  <LoginBottom/>
 </div>
</template>
```

（2）在<script>元素中编写验证用户登录的代码。首先引入 mapActions 辅助函数，实现组件中的方法和 store 中的 action 之间的映射。然后在 methods 选项中定义 login()方法，在该方法中分别获取用户输入的用户名和密码信息，并验证信息是否正确。如果正确，则弹出相应的提示信息，接着执行 loginAction()方法对用户名进行存储，并跳转到商城主页。代码如下。

```
<script>
 import {mapActions} from 'vuex'                         //引入mapActions
 import LoginBottom from '@/views/login/LoginBottom'      //引入组件
 export default {
  name : 'LoginHome',
  components : {
   LoginBottom                                           //注册组件
  },
  data: function(){
   return {
     user:null,                                          //用户名
     password:null                                       //密码
   }
  },
  methods: {
   ...mapActions([
    'loginAction'//this.loginAction()映射为 this.$store.dispatch('loginAction')
   ]),
   login: function () {
    var user=this.user;                                  //获取用户名
    var password=this.password;                          //获取密码
    if(user == null){
      alert('请输入用户名！');
```

```
          return false;
        }
        if(password == null){
          alert('请输入密码!');
          return false;
        }
        if(user!=='mr' || password!=='mrsoft' ){
          alert('您输入的用户名或密码错误!');
          return false;
        }else{
          alert('登录成功!');
          this.loginAction(user);              //触发action并传递用户名
          this.$router.push({name:'home'});    //跳转到主页
        }
      },
      show: function () {
        this.$router.push({name:'register'});  //跳转到注册页面
      }
    }
  }
</script>
```

⚠ **注意**：默认正确的用户名为 mr，密码为 mrsoft。若输入错误，则提示"您输入的用户名或密码错误!"，否则提示"登录成功!"。

15.6.3　注册页面的实现

注册页面的实现过程与登录页面相似，在验证用户输入的表单信息时，需要验证邮箱格式、手机格式是否正确等。注册页面的效果如图 15-24 所示。

注册页面的实现

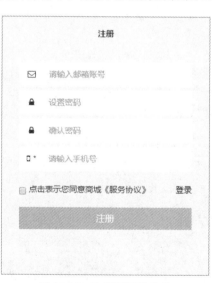

图 15-24　注册页面的效果

具体实现步骤如下。

（1）在 views/register 文件夹下新建 RegisterHome.vue 文件。在 <template> 元素中编写注册页面的 HTML 代码。首先定义用户注册的表单信息，并应用 v-model 指令对表单元素进行数据绑定，然后通过<input>元素设置一个"注册"按钮，单击该按钮会执行 mr_verify()方法。关键代码如下。

```
<template>
 <div>
   <div class="res-banner">
     <div class="res-main">
       <div class="login-banner-bg"><span></span><img src="@/assets/images/big.jpg"/></div>
       <div class="login-box">
         <div class="mr-tabs" id=doc-my-tabs">
           <h3 class="title">注册</h3>
           <div class="mr-tabs-bd">
             <div class="mr-tab-panel mr-active">
               <form method="post">
                 <div class="user-email">
                   <label for="email"><i class="mr-icon-envelope-o"></i></label>
                   <input type="email" v-model="email" id="email" placeholder="请输入邮箱账号">
                 </div>
                 <div class="user-pass">
                   <label for="password"><i class="mr-icon-lock"></i></label>
                   <input type="password" v-model="password" id="password" placeholder="设置密码">
                 </div>
                 <div class="user-pass">
                   <label for="passwordRepeat"><i class="mr-icon-lock"></i></label>
                   <input type="password" v-model="passwordRepeat" id="passwordRepeat"
placeholder="确认密码">
                 </div>
                 <div class="user-pass">
                   <label for="passwordRepeat">
                     <i class="mr-icon-mobile"></i>
                     <span style="color:red;margin-left:5px">*</span>
                   </label>
                   <input type="text" v-model="tel" id="tel" placeholder="请输入手机号">
                 </div>
               </form>
               <div class="login-links">
                 <label for="reader-me">
                   <input id="reader-me" type="checkbox" v-model="checked"> 点击表示您同意
商城《服务协议》
                 </label>
                 <a href="javascript:void(0)" @click="show" class="mr-fr">登录</a>
               </div>
               <div class="mr-cf">
                 <input type="submit" name="" :disabled="!checked" @click="mr_verify" value=
                      "注册" class="mr-btn mr-btn-primary mr-btn-sm mr-fl">
               </div>
             </div>
           </div>
         </div>
       </div>
     </div>
   </div>
   <RegisterBottom/>
 </div>
</template>
```

（2）在<script>元素中编写验证用户注册信息的代码。在 data 选项中定义注册表单元素绑定的数据，然后在 methods 选项中定义 mr_verify()方法，在该方法中分别获取用户输入的邮箱账号、密码、确认密码和手机号信息，并验证用户输入是否正确。如果输入正确，则弹出相应的提示信息，并跳转到商城主页。代码如下。

```
<script>
  import RegisterBottom from '@/views/register/RegisterBottom'     //引入组件
  export default {
    name : 'RegisterHome',
    components : {
      RegisterBottom                                               //注册组件
    },
    data: function(){
      return {
        checked:false,                                             //是否同意《服务协议》
        email:'',                                                  //邮箱账号
        password:'',                                               //密码
        passwordRepeat:'',                                         //确认密码
        tel:''                                                     //手机号
      }
    },
    methods: {
      mr_verify: function () {
        //获取表单对象
        var email=this.email;
        var password=this.password;
        var passwordRepeat=this.passwordRepeat;
        var tel=this.tel;
        //验证表单元素是否为空
        if(email==='' || email===null){
          alert("邮箱不能为空! ");
          return;
        }
        if(password==='' || password===null){
          alert("密码不能为空! ");
          return;
        }
        if(passwordRepeat==='' || passwordRepeat===null){
          alert("确认密码不能为空! ");
          return;
        }
        if(tel==='' || tel===null){
          alert("手机号不能为空! ");
          return;
        }
        if(password!==passwordRepeat){
          alert("密码设置前后不一致! ");
          return;
        }
        //验证邮箱格式
        var apos = email.indexOf("@")
        var dotpos = email.lastIndexOf(".")
```

```
            if (apos < 1 || dotpos - apos < 2) {
                alert("邮箱格式错误! ");
                return;
            }
            //验证手机号格式
            if(isNaN(tel)){
                alert("手机号请输入数字! ");
                return;
            }
            if(tel.length!==11){
                alert("手机号是 11 个数字! ");
                return;
            }
            alert('注册成功! ');
            this.$router.push({name:'home'});                        //跳转到主页
        },
        show: function () {
            this.$router.push({name:'login'});                       //跳转到登录页面
        }
    }
  }
</script>
```

⚠ **注意**：使用 JavaScript 验证手机号格式是否正确的原理是通过 isNaN()方法验证数字格式，通过 length 属性值验证数字长度是否等于 11。

15.7　AIGC 辅助分析优化项目

在开发 Vue 项目时，可以利用 AIGC 提供开发思路，提高项目开发效率。下面介绍如何利用 AIGC 来辅助开发 51 购商城项目，从而快速地提高开发效率，并完善项目。

15.7.1　AIGC 辅助提供项目开发思路

> **问题**
> 用 Vue.js 开发一个网上商城的前端项目的基本思路。
>
> **AIGC 建议**
> 用 Vue.js 开发一个网上商城的前端项目的基本思路可以归纳为以下几个关键步骤。
> 一、项目初始化与配置
> （1）创建新项目：使用 Vue CLI 工具创建一个新的 Vue 项目，其提供了一个标准的项目结构，有助于快速启动开发工作。
> （2）选择配置：在创建项目时选择合适的配置，包括 Vue Router（用于路由管理）、Vuex（用于状态管理）、Babel、ESLint 等。
> （3）安装依赖包：根据项目需求安装必要的依赖包，如 axios（用于 HTTP 请求）、vue-router、vuex 等。
> 二、前端页面构建
> （1）设计 UI/UX：使用设计工具（如 Figma、Sketch）设计商城的用户界面，包括首页、

商品详情页、购物车页、结算页等。

（2）创建组件：在 Vue 项目中创建各种组件，如 Header、Footer、ProductList、ProductDetail、Cart 等。

（3）路由配置：使用 vue-router 配置各个页面的路由，使用户可以在不同页面之间导航。

三、用户认证与授权

（1）用户注册和登录：创建用户注册和登录页面，并使用 axios 向后台发送请求，以进行用户认证。

（2）用户状态管理：使用 Vuex 存储和管理用户状态，例如是否已登录、用户信息等。

（3）路由守卫：配置路由守卫，确保某些页面只能在用户登录后访问。

四、支付系统集成

（1）选择支付平台：选择合适的支付平台（如 PayPal、微信、银联等），并注册开发者账号。

（2）集成支付 SDK：根据支付平台的文档，集成相应的 SDK 到 Vue 项目中。

（3）支付接口调用：在结算页面，调用支付接口处理支付请求，并处理支付结果。

五、状态和数据管理

（1）Vuex 状态管理：在 Vuex 中管理商城的全局状态，包括用户信息、购物车信息、商品列表信息等。

（2）API 数据获取：使用 axios 从后台获取数据，并存储在 Vuex 中。

六、性能优化与搜索引擎优化

（1）懒加载：使用 Vue 的懒加载技术，按需加载组件，减少初始加载时间。

（2）服务端渲染：使用 Nuxt.js 框架进行服务端渲染，提高搜索引擎优化效果。

（3）搜索引擎优化：在页面组件中设置<meta>标签，优化搜索引擎爬虫的抓取效果。

七、其他注意事项

（1）安全性：采用 HTTPS、验证码、防止 SQL 注入等技术，保证网站的安全性。

（2）兼容性：确保系统能自适应不同设备屏幕，如手机、计算机等，提供一致的优质浏览体验。

（3）持续更新：持续关注和更新依赖包，定期进行性能测试和用户反馈收集，以不断改进和优化商城应用。

通过以上步骤，可以搭建一个功能完善的 Vue.js 网上商城前端项目。在开发过程中，还需要注重代码的可读性、可维护性和可扩展性，以便后续的功能迭代和优化。

15.7.2　AIGC 辅助优化代码

问题

优化以下实现登录功能的代码。

```
<script>
  import {mapActions} from 'vuex'                        //引入 mapActions
  import LoginBottom from '@/views/login/LoginBottom'    //引入组件
  export default {
    name : 'LoginHome',
    components : {
      LoginBottom                                         //注册组件
    },
```

```
    data: function(){
      return {
        user:null,                                              //用户名
        password:null                                           //密码
      }
    },
    methods: {
      ...mapActions([
        'loginAction'//this.loginAction()映射为 this.$store.dispatch('loginAction')
      ]),
      login: function () {
        var user=this.user;                                     //获取用户名
        var password=this.password;                             //获取密码
        if(user == null){
          alert('请输入用户名! ');
          return false;
        }
        if(password == null){
          alert('请输入密码! ');
          return false;
        }
        if(user!=='mr' || password!=='mrsoft' ){
          alert('您输入的用户名或密码错误! ');
          return false;
        }else{
          alert('登录成功! ');
          this.loginAction(user);                               //触发 action 并传递用户名
          this.$router.push({name:'home'});                     //跳转到主页
        }
      },
      show: function () {
        this.$router.push({name:'register'});                   //跳转到注册页面
      }
    }
  }
</script>
```

AIGC 建议

优化登录功能的代码可以从多个方面入手，包括代码的可读性、安全性及用户体验。以下是一些建议的优化措施。

（1）使用 Vuex 管理状态：确保用户登录状态在全局可访问，并处理登录后的状态更新。

（2）增强安全性：避免在前端硬编码用户名和密码，应使用后端验证。

（3）改进用户体验：使用更友好的错误提示和加载动画。

（4）代码整洁：使用更简洁的语法和逻辑结构。

下面是优化后的代码示例。

```
<script>
import { mapActions } from 'vuex';
import LoginBottom from '@/views/login/LoginBottom';
export default {
  name: 'LoginHome',
  components: {
```

```
        LoginBottom
    },
    data() {
      return {
        username: '',              //使用更明确的命名
        password: ''
      };
    },
    methods: {
      ...mapActions(['login']),   //假设 Vuex action 已重命名为 login
      async login() {
        const { username, password } = this;
        if (!username) {
          alert('请输入用户名! ');
          return;
        }
        if (!password) {
          alert('请输入密码! ');
          return;
        }
        try {
          //假设后端 API 为/api/login, 使用 fetch 进行异步请求
          const response = await fetch('/api/login', {
            method: 'POST',
            headers: {
              'Content-Type': 'application/json'
            },
            body: JSON.stringify({ username, password })
          });
          if (!response.ok) {
            throw new Error('登录失败, 用户名或密码错误! ');
          }
          const data = await response.json();
          //假设后端返回用户信息
          this.$store.commit('setUser', data.user);   //更新 Vuex 中的用户状态
          alert('登录成功! ');
          this.$router.push({ name: 'home' });
        } catch (error) {
          alert(error.message);
        }
      },
      showRegisterPage() {
        this.$router.push({ name: 'register' });
      }
    }
  };
</script>
```

优化说明如下。

（1）数据属性命名：将 user 改为 username, 使属性名更加明确。

（2）Vuex Action 命名：假设 Vuex 中的 action 已重命名为 login, 以保持一致性。

（3）异步请求：使用 fetch 进行异步请求, 处理登录验证。这要求后端提供一个 API 来处理登录请求。

（4）错误处理：使用 try...catch 结构来处理异步请求中的错误，并给出友好的错误提示。

（5）Vuex 状态管理：在登录成功后，使用 this.$store.commit 来更新 Vuex 中的用户状态。

（6）方法命名：将 show 方法重命名为 showRegisterPage，使其更具描述性。

这些优化措施不仅提高了代码的可读性和安全性，还改善了用户体验。注意：实际项目中需要根据后端 API 的具体实现来调整代码。

15.7.3　AIGC 辅助完善项目

问题

本项目所开发的 51 购商城主要提供了以下功能，后续如何使该项目更加完善？具体考虑以下几个方面。

（1）主页设计与实现。

（2）商品详情页面的设计与实现。

（3）购物车页面的设计与实现。

（4）付款页面的设计与实现。

（5）登录和注册页面的设计与实现。

AIGC 建议

为了使 51 购商城项目更加完善，可以考虑从以下几个方面进行扩展和优化。

1. 用户体验优化

（1）响应式设计：确保网站在各种设备上都能良好地显示和工作，包括计算机、平板计算机和手机。

（2）加载速度优化：优化图片和资源的加载速度，使用 CDN 加速，减少页面加载时间。

（3）导航优化：简化导航结构，确保用户能够轻松找到他们想要的产品或页面。

（4）错误处理：提供清晰的错误消息和解决方案，当用户遇到问题时能够轻松解决。

2. 功能扩展

（1）搜索功能：增加高级搜索选项，如按价格、品牌、评价等筛选商品。

（2）用户账户管理：允许用户查看和编辑他们的个人信息、收货地址、支付方式等。

（3）订单管理：用户可以查看他们的历史订单和跟踪订单状态（如已发货、运输中、已送达）。

（4）评价系统：允许用户对购买的商品进行评价和打分，增加商品的可信度。

（5）促销活动：实现优惠券、限时折扣、满减等促销活动功能。

3. 安全性增强

（1）密码安全：实施密码强度要求，鼓励用户使用复杂密码，并提供密码重置功能。

（2）支付安全：确保支付页面的安全性，使用 HTTPS 与安全的支付网关集成。

（3）数据保护：保护用户数据的安全，使用加密技术存储敏感信息，遵守相关的数据保护法规。

4. 后端优化

（1）性能优化：优化数据库查询，使用缓存技术减少数据库负载。

（2）可扩展性：设计后端架构以支持未来的扩展，如增加更多的商品类别、用户量等。

（3）错误日志：记录和分析后端错误日志，及时发现和解决问题。

5. 前端技术更新

（1）使用现代前端框架：考虑迁移到更新的前端框架，如 React 18 等，以利用最新的功能和性能改进。

（2）代码重构：定期重构前端代码，提高代码的可维护性和可读性。

（3）自动化测试：实施前端自动化测试，确保代码更改不会引入新的错误。

6. 国际化支持

（1）多语言支持：考虑添加多语言支持，以吸引更广泛的用户群体。

（2）货币和地区设置：根据用户的地区设置显示正确的货币和日期格式。

7. 社区和反馈

（1）用户论坛或社区：创建一个用户论坛或社区，让用户能够分享经验、提出问题和建议。

（2）用户反馈机制：实现一个用户反馈系统，定期收集和分析用户反馈，以不断改进项目。

8. 持续集成/持续部署（CI/CD）

（1）自动化构建和部署：设置 CI/CD 管道，自动构建、测试和部署代码更改。

（2）代码审查：实施代码审查流程，确保代码质量。

通过实施这些建议，51 购商城项目将变得更加完善、用户友好和安全可靠。

小结

本章使用 Vue.js、Vue Router 和 Vuex 技术，设计并实现了一个功能相对完善的电子商务网站，同时介绍了 AIGC 辅助分析优化项目，帮助读者开拓思路，提高项目开发效率。下面总结实现电子商务网站各个功能使用的关键技术点。

- ❑　主页。轮播图使用了 Vue.js 的过渡效果。
- ❑　商品详情页面。设计并实现了商品概要功能、宝贝详情功能、全部评价功能和猜你喜欢功能，使用动态组件的方式控制各功能内容的动态显示和隐藏。
- ❑　购物车页面和付款页面。实现了购物车中商品数量的加减、商品总价的计算等功能。
- ❑　登录和注册页面。使用 JavaScript 验证表单内容（如邮箱、手机号等）的格式。

第16章 课程设计——智汇企业官方网站首页

本章要点

- ☐ 实现导航栏的设计
- ☐ 实现新闻列表的设计
- ☐ 实现浮动窗口的设计
- ☐ 实现活动图片的设计
- ☐ 实现产品推荐列表的设计

在网络高速发展的时代，很多企业都有自己的官方网站。企业官方网站不仅可以向外界展示企业的动态，还可以宣传企业的产品。本章将使用 Vue.js 中的关键技术实现智汇企业官方网站首页的设计，以达到展示企业动态的目的。

智汇企业官方网站首页项目的配置使用

16.1 课程设计目的

用户可以通过官方网站了解企业的产品信息和基本情况，这对企业的产品推广有很大的作用，同时能提升用户对企业的信赖程度，所以一个企业拥有自己的官方网站是很有必要的。

企业官方网站开发是 Vue.js 最常见的应用场景之一，本章将使用 Vue.js 完成一个简洁、易操作的智汇企业官方网站首页课程设计，该课程设计包含企业官方网站首页基本的页面结构设计和功能设计，其实现目标如下。

- ☐ 实现活动图片展示界面，以此来展示企业创造的成果和业绩。
- ☐ 以滚动的形式显示企业的相关消息。
- ☐ 以图片列表的形式展示企业产品。
- ☐ 通过浮动窗口提供服务选项。

16.2 系统设计

16.2.1 业务流程

智汇企业官方网站首页中，在网站 Logo 下面是导航栏；导航栏下面是活动图片展示区域，单击不同的城市名称可以展示对应城市的活动图片；接着是企业的相关消息，采用滚动的方式显示；再下面是产品推荐界面，在其中可以对产品进行检索；页面右侧有一个浮动窗口。根据该网站首页的业务需求，设计了图 16-1 所示的业务流程。

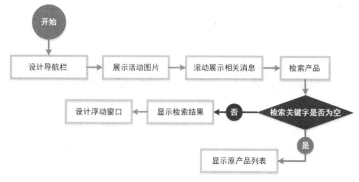

图 16-1　业务流程

16.2.2　功能结构

作为企业官方网站首页的应用，本课程设计实现的具体功能如下。

- ❑　浏览活动图片：通过单击对应的城市名称进行浏览。
- ❑　浏览企业相关消息：以从下向上滚动的形式进行显示。
- ❑　展示企业产品：以图片列表的形式进行展示。
- ❑　检索产品：根据用户输入的检索关键字显示检索结果。
- ❑　设计浮动窗口：窗口位置始终保持不变。

16.2.3　系统预览

智汇企业官方网站首页主要由网站 Logo、导航栏、活动图片展示界面、行业动态展示界面、企业新闻展示界面、产品推荐界面和浮动窗口等组成，网站首页效果如图 16-2 所示。

图 16-2　网站首页效果

16.3 实现过程

在项目文件夹中创建 css 文件夹和 images 文件夹。在 css 文件夹中创建 CSS 文件，作为网站首页的样式文件，在 images 文件夹中存储首页需要使用的图片。准备工作完成之后，下面开始实现网站首页的设计。

16.3.1 导航栏的设计

网站首页的导航栏中共有 6 个菜单。除了首页之外，还有 5 个菜单，分别为全部产品、换新服务、官方商城、加入智汇和商业合作。导航栏的初始效果如图 16-3 所示。当单击某个菜单项时，该菜单项的样式会发生变化，效果如图 16-4 所示。

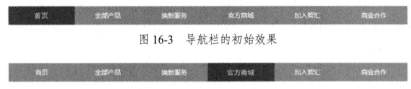

图 16-3　导航栏的初始效果

图 16-4　单击某个菜单项时的效果

设计导航栏的关键步骤如下。

（1）编写 HTML 代码，定义<div>元素，并设置其 id 属性值为 app。在该元素中定义 6 个菜单，使用 v-on 指令对每个菜单的 click 事件进行监听，再对每个菜单的 class 属性进行样式绑定。代码如下。

```
<div id="app">
  <div class="cen">
    <div class="menu">
      <span v-on:click="select(1)" :class="{act: tag===1}">首页</span>
      <span v-on:click="select(2)" :class="{act: tag===2}">全部产品</span>
      <span v-on:click="select(3)" :class="{act: tag===3}">换新服务</span>
      <span v-on:click="select(4)" :class="{act: tag===4}">官方商城</span>
      <span v-on:click="select(5)" :class="{act: tag===5}">加入智汇</span>
      <span v-on:click="select(6)" :class="{act: tag===6}">商业合作</span>
    </div>
  </div>
</div>
```

（2）编写 CSS 代码，为页面元素设置样式。其中，act 类中定义了导航栏中某个菜单项被选中时的样式。代码如下。

```
<style>
  .menu{
    display:inline-block;              /*设置行内块元素*/
    background-color: #3399FF;         /*设置背景颜色*/
    margin:5px auto;                   /*设置外边距*/
  }
  .menu span{
    display:inline-block;              /*设置行内块元素*/
    width:145px;                       /*设置宽度*/
```

```
        height:40px;                          /*设置高度*/
        line-height:40px;                     /*设置行高*/
        cursor:pointer;                       /*设置鼠标指针形状*/
        text-align:center;                    /*设置文本居中显示*/
        font-size: 14px;                      /*设置文字大小*/
        color:#FFFFFF;                        /*设置文字颜色*/
      }
      .act{
        background-color: #9966FF;            /*设置背景颜色*/
        color:#FFFFFF;                        /*设置文字颜色*/
      }
  </style>
```

（3）在<script>元素中创建应用程序实例，定义数据和方法。在 methods 选项中定义 select()
方法，当单击某个菜单项时会调用该方法，在方法中将 tag 属性值设置为传递的参数值，再通过
判断 tag 属性值确定在菜单中是否使用 act 类的样式。代码如下。

```
<script type="text/javascript">
  const vm = Vue.createApp({
    data(){
      return {
        tag : 1,                              //用于控制菜单中是否使用 act 类的样式
      }
    },
    methods: {
      select : function(value){
        this.tag = value;
      }
    }
  })
</script>
```

📖 **说明：** 由于该课程设计只实现企业官方网站的首页，因此导航栏并没有实际意义上的功能，
如果读者有兴趣，可以自己设计导航栏菜单对应的页面。

16.3.2 活动图片的设计

在智汇企业官方网站首页中，导航栏下方是企业活动图片。其中列出了企业参加一些展会
活动的相关信息，包括展会图片、展会名称和图片简介。当单击左右两侧不同的图片按钮时，
界面中间会切换为对应的展会图片。活动图片如图 16-5 和图 16-6 所示。

图 16-5　宁波展会活动图片

图 16-6　长春展会活动图片

活动图片的实现步骤如下。

（1）编写 HTML 代码，定义<div>元素，在元素中使用<transition-group>组件实现切换展会图片时的过渡效果。在组件中对展会图片、展会名称和图片简介进行绑定。在<transition-group>组件后定义两个<div>元素，用于渲染左右两侧的图片按钮，对每个图片按钮的 class 属性进行样式绑定。代码如下。

```
<div class="i02">
  <div class="banner">
    <transition-group name="effect">
      <div :key="i">
        <div id="ImageCyclerImage"><img :src="info[i].image"></div>
        <div id="ImageCyclerOverlay" class="grey">
          <div id="ImageCyclerOverlayBackground"></div>
          <p class="title">{{info[i].title}}</p>
          <p>{{info[i].desc}}<a href="#">Find out more &gt;</a></p>
        </div>
      </div>
    </transition-group>
    <div id="ImageCyclerTabs">
      <div v-for="(item,index) in leftBanner" :key="index" :id="item.id">
        <a href="#" @click="i = index" :class="{active:i === index}"><img :src="item.url"></a>
      </div>
    </div>
    <div id="Layer1">
      <div v-for="(item,index) in rightBanner" :key="index" :id="item.id">
        <a href="#" @click="i = index + 5" :class="{active:i === index + 5}"><img :src=
"item.url"></a>
      </div>
    </div>
  </div>
</div>
```

（2）编写 CSS 代码，为元素设置过渡属性，实现切换展会图片时的过渡效果。代码如下。

```
<style>
  /*设置过渡属性*/
  .effect-enter-active, .effect-leave-active{
    transition: all .5s;
  }
  .effect-enter-from, .effect-leave-to{
    opacity: 0;
  }
</style>
```

（3）在创建的应用程序实例中定义数据，包括展会图片索引 i、展会图片信息列表 info、左侧图片按钮列表 leftBanner 和右侧图片按钮列表 rightBanner。代码如下。

```javascript
<script type="text/javascript">
  const vm = Vue.createApp({
    data(){
      return {
        i: 0,                               //展会图片索引
        info: [                             //展会图片信息列表
          { image: 'images/hero1.jpg', title: '宁波展会', desc: '消费类电子产品展览中心现场'},
          { image: 'images/hero2.jpg', title: '长春展会', desc: '科技企业高端产品展览中心现场'},
          { image: 'images/hero3.jpg', title: '北京展会', desc: '手机展区新品手机上市一览'},
          { image: 'images/hero4.jpg', title: '大连展会', desc: '华为云计算展示区域一览'},
          { image: 'images/hero5.jpg', title: '戴尔新品上市', desc: '游匣 G16 7630 高性能游
戏笔记本计算机'},
          { image: 'images/hero6.jpg', title: '深圳展会', desc: '5G智能电视展览中心现场'},
          { image: 'images/hero7.jpg', title: '青岛展会', desc: '智能电视展区康佳品牌展览现场'},
          { image: 'images/hero8.jpg', title: '广州展会', desc: '5G 数码电子产品创意展区'},
          { image: 'images/hero9.jpg', title: '南京展会', desc: '华为高端产品展览现场'},
          { image: 'images/hero10.jpg', title: '华为Mate 60新品上市', desc: '纵横山海 安心畅联'}
        ],
        leftBanner: [                       //左侧图片按钮列表
          {id: 'mg', url: 'images/mg.png'},
          {id: 'jnd', url: 'images/jnd.png'},
          {id: 'yg', url: 'images/yg.png'},
          {id: 'dg', url: 'images/dg.png'},
          {id: 'hg', url: 'images/hg.png'}
        ],
        rightBanner: [                      //右侧图片按钮列表
          {id: 'fg', url: 'images/fg.png'},
          {id: 'rb', url: 'images/rb.png'},
          {id: 'xjp', url: 'images/xjp.png'},
          {id: 'odly', url: 'images/odly.png'},
          {id: 'qt', url: 'images/qt.png'}
        ]
      }
    }
  })
</script>
```

16.3.3　新闻列表的设计

新闻列表以从下向上滚动的形式进行展示。新闻列表及其向上滚动的效果分别如图 16-7 和图 16-8 所示。

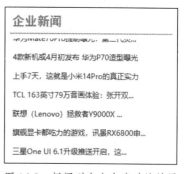

图 16-7　新闻列表　　　　　　图 16-8　新闻列表向上滚动的效果

新闻列表的实现步骤如下。

（1）编写 HTML 代码，定义<div>元素，在元素中定义<ul>列表，对列表的 style 属性进行样式绑定。当触发列表的 mouseenter 事件时调用 stop()方法，当触发列表的 mouseleave 事件时调用 up()方法。再对<ul>列表中的<li>列表项使用 v-for 指令，对新闻列表 news_list 进行遍历，在遍历时调用 subStr()方法对企业新闻标题进行截取。代码如下。

```html
<div class="i03c">
        <div><img src="images/i06.gif"></div>
        <div id="layout">
          <div class="scroll">
            <ul class="list" :style="{top:dis + 'px'}" @mouseenter="stop" @mouseleave="up">
              <li v-for="value in news_list" :key="value">{{subStr(value)}}</li>
            </ul>
          </div>
        </div>
</div>
```

（2）编写 CSS 代码，为<div>元素和<ul>列表设置样式。关键代码如下。

```css
<style>
    .scroll{
     margin-left:5px;                                    /*设置左外边距*/
     margin-top:5px;                                     /*设置上外边距*/
     width:260px;                                        /*设置宽度*/
     height:300px;                                       /*设置高度*/
     overflow:hidden;                                    /*设置溢出内容隐藏*/
     position: relative;                                 /*设置相对定位*/
    }
    .scroll ul{
     position: absolute;                                 /*设置绝对定位*/
     top: 0;                                             /*设置顶部距离*/
    }
    .scroll li{
     width:260px;                                        /*设置宽度*/
     height:30px;                                        /*设置高度*/
     line-height:30px;                                   /*设置行高*/
    }
</style>
```

（3）在创建的应用程序实例中定义数据、方法和 mounted()钩子函数。scrollUp()方法用于实现新闻列表向上滚动的效果，stop()方法用于停止向上滚动效果，up()方法用于调用 scrollUp()方法以实现列表的向上滚动效果。subStr()方法用于截取新闻标题的前 20 个字符。在 mounted()钩子函数中调用 scrollUp()方法，在文档渲染完后实现列表的向上滚动效果。代码如下。

```html
<script type="text/javascript">
  const vm = Vue.createApp({
    data(){
      return {
        dis:0,                                            //向上滚动距离
        timerID: null,                                    //定时器 ID
        news_list:[                                       //新闻列表
          "实用折叠时尚设计! vivo X Fold3 全面评测! ",
          "Wi-Fi7 高端新势力! 华硕 BE88U 路由器开箱",
          "鸿蒙 4.0.0.202 推送有 504MB, 内容是这些, 你升级了吗? ",
          "华为 Mate70Pro 提前曝光: 第二代灵犀通信+强劲性能",
```

```
                "4 款新机或 4 月初发布 华为 P70 造型曝光",
                "上手 7 天, 这就是小米 14Pro 的真正实力",
                "TCL 163 英寸 79 万音画体验: 张开双臂都没有屏幕宽",
                "联想 (Lenovo) 拯救者 Y9000X 2024 新品笔记本计算机上市",
                "旗舰显卡都吃力的游戏, 讯景 RX6800 申请出战",
                "三星 One UI 6.1 升级推送开启, 这些机型率先支持"
            ]
        }
    },
    methods: {
        scrollUp: function (){                                      //向上滚动
            var t = this;
            this.timerID = setInterval(function (){
                t.dis = t.dis === -300 ? 0 : t.dis - 0.5;           //设置向上滚动距离
            }, 20);
        },
        stop: function() {
            clearInterval(this.timerID);                           //停止向上滚动操作
        },
        up: function() {
            this.scrollUp();                                       //执行向上滚动操作
        },
        subStr: function (value){
            if(value.length > 20){                                 //如果标题长度大于 20 个字符
                return value.substr(0,20) + '...';                 //截取标题前 20 个字符
            }else{
                return value;                                      //返回原标题
            }
        }
    },
    mounted: function (){
        this.scrollUp();                                           //自动执行滚动效果
    }
})
</script>
```

16.3.4 产品推荐列表的设计

产品推荐列表主要展示了企业的推荐产品。该界面提供了产品检索功能, 在文本框中输入检索关键字, 单击"产品检索"按钮, 下方会显示检索到的产品列表。产品推荐列表和检索结果分别如图 16-9 和图 16-10 所示。

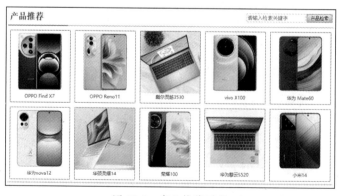

图 16-9　产品推荐列表

图 16-10　检索结果

产品推荐列表的实现步骤如下。

（1）编写 HTML 代码，定义两个<div>元素，在第一个<div>元素中定义一个用于输入检索关键字的文本框和图片按钮，使用 v-model 指令将文本框和 keyword 属性进行绑定，当单击图片按钮时调用 search()方法。在第二个<div>元素中定义一个<ul>列表，在列表中使用 v-for 指令对检索结果列表 searchResult 进行遍历，在遍历时输出产品图片和产品名称。代码如下。

```html
<div class="search">
  <img src="images/i11.gif" @click="search">
  <input type="text" placeholder="请输入检索关键字" v-model="keyword">
</div>
<div class="product">
  <ul>
    <li v-for="item in searchResult">
      <img width="160" :src="item.url">
      <div>{{item.name}}</div>
    </li>
  </ul>
</div>
```

（2）编写 CSS 代码，为<div>元素、文本框和<ul>列表设置样式。关键代码如下。

```css
<style>
.search{
    width: 100%;                                /*设置宽度*/
    height: 44px;                               /*设置高度*/
    background-image: url("../images/i10.gif"); /*设置背景图像*/
}
.search input,.search img{
    float: right;                               /*设置左浮动*/
    margin-top: 8px;                            /*设置上外边距*/
    margin-right: 3px;                          /*设置右外边距*/
}
.search input{
    border:solid 1px #CFCECE;                   /*设置边框*/
    width:150px;                                /*设置宽度*/
    height:18px;                                /*设置高度*/
}
.search img{
    cursor: pointer;                            /*设置鼠标指针形状*/
}
.product{
    width: 100%;                                /*设置宽度*/
    text-align: center;                         /*设置文本水平居中显示*/
```

```
    }
.product ul{
    list-style: none;                                        /*设置列表无样式*/
    margin: 5px auto;                                        /*设置外边距*/
}
.product ul li{
    float: left;                                             /*设置左浮动*/
    width: 160px;                                            /*设置宽度*/
    height:175px;                                            /*设置高度*/
    margin: 6px;                                             /*设置外边距*/
    border: 1px solid #666666;                               /*设置边框*/
    padding-bottom: 10px;                                    /*设置下内边距*/
}
</style>
```

（3）在创建的应用程序实例中定义数据和方法。product 属性表示检索前的原产品列表。在 search()方法中判断检索关键字是否为空，如果为空就将检索结果赋值为原产品列表，否则就根据检索关键字对原产品列表 product 进行过滤，将检索结果保存在 searchResult 列表中。代码如下。

```
<script type="text/javascript">
  const vm = Vue.createApp({
    data(){
      return {
        product: [                                                    //产品列表
          {url: 'images/products/OPPO Find X7.png', name: 'OPPO Find X7'},
          {url: 'images/products/OPPO Reno11.png', name: 'OPPO Reno11'},
          {url: 'images/products/戴尔灵越 3530.jpg', name: '戴尔灵越 3530'},
          {url: 'images/products/vivo X100.png', name: 'vivo X100'},
          {url: 'images/products/华为 Mate60.png', name: '华为 Mate60'},
          {url: 'images/products/华为 nova12.png', name: '华为 nova12'},
          {url: 'images/products/华硕灵耀 14.jpg', name: '华硕灵耀 14'},
          {url: 'images/products/荣耀 100.png', name: '荣耀 100'},
          {url: 'images/products/华为擎云 S520.jpg', name: '华为擎云 S520'},
          {url: 'images/products/小米 14.png', name: '小米 14'}
        ],
        keyword: '',                                                  //检索关键字
        searchResult: [],                                            //检索结果列表
      }
    },
    methods: {
      search: function (){
        if(this.keyword === ''){                                     //如果检索关键字为空
          this.searchResult = this.product;                          //检索结果为原产品列表
        }else{
          var t = this;
          t.searchResult = t.product.filter(function (item){         //过滤产品列表
            if(item.name.toLowerCase().indexOf(t.keyword.toLowerCase()) !== -1){
              return item;
            }
          });
        }
```

```
      }
    },
    mounted: function (){
      this.searchResult = this.product;          //检索结果为原产品列表
    }
  })
</script>
```

16.3.5　浮动窗口的设计

在页面右侧有一个浮动窗口，无论是拖动页面中的横向滚动条还是纵向滚动条，该窗口的位置都保持不变。该浮动窗口主要展示至诚服务、在线客服和附近门店等服务选项，如图 16-11 所示。

浮动窗口的实现步骤如下。

（1）编写 HTML 代码，定义<div>元素，对元素的 style 属性进行样式绑定，在元素中添加组成浮动窗口的多个元素。代码如下。

图 16-11　浮动窗口

```
<div class="service" :style="{right: rightDis + 'px', top: topDis + 'px'}">
    <img src="images/ra_01.png">
    <div>
      <img src="images/ra_04.png">
      <span>至诚服务</span>
      <img src="images/ra_05.png">
      <span>在线客服</span>
      <img src="images/ra_06.png">
      <span>附近门店</span>
    </div>
    <img src="images/ra_02.png">
  </div>
```

（2）编写 CSS 代码，为<div>元素和<span>元素设置样式。关键代码如下。

```
<style>
.service{
    height:45px;                                /*设置高度*/
    position:absolute;                          /*设置绝对定位*/
    width:81px;                                 /*设置宽度*/
}
.service div{
    height: 256px;                              /*设置高度*/
    text-align: center;                         /*设置文本水平居中显示*/
    background-image: url("../images/ra_03.gif");  /*设置背景图像*/
}
.service span{
    display: inline-block;                      /*设置元素为行内块元素*/
    margin: 2px auto 10px auto;                 /*设置外边距*/
}
</style>
```

（3）在创建的应用程序实例中定义数据，rightDis 属性表示浮动窗口到页面右侧的距离，topDis 属性表示浮动窗口到页面顶部的距离。在 mounted()钩子函数中添加窗口的 onscroll 事件，当拖动滚动条时分别设置浮动窗口到页面顶部和页面右侧的距离。代码如下。

```
<script type="text/javascript">
  const vm = Vue.createApp({
    data(){
      return {
        rightDis: 20,                                    //浮动窗口到页面右侧的距离
        topDis: 100                                      //浮动窗口到页面顶部的距离
      }
    },
    mounted: function (){
      var t = this;
      window.onscroll = function (){
        //设置浮动窗口在垂直方向上的绝对位置
        t.topDis = document.documentElement.scrollTop + 100;
        //设置浮动窗口在水平方向上的绝对位置
        t.rightDis = 20 - document.documentElement.scrollLeft;
      }
    }
  })
</script>
```

📖 **说明：** 在设计浮动窗口时，在 mounted() 钩子函数中应用了 Window 对象的 onscroll 事件，由于事件处理程序中的 this 和 Vue 实例中的 this 有不同的作用域，因此需要在使用 onscroll 事件之前对 this 进行重新赋值。

小结

本课程设计主要介绍了智汇企业官方网站首页的实现过程，包括网站导航栏的设计、活动图片的设计、新闻列表的设计、产品推荐列表的设计，以及浮动窗口的设计等。通过本章的学习，读者能够熟练掌握将 Vue.js 和 JavaScript 技术结合使用的方法。